高等院校艺术设计类"十二五"规划教材

总主编 陈 健

SOFT FURNISHING DESIGN

家居软装饰设计

主编 张军利

中国海洋大学出版社

·青岛·

图书在版编目（CIP）数据

家居软装饰设计 / 张军利主编. — 青岛：中国海洋大学出
版社，2014.12

ISBN 978-7-5670-0802-1

Ⅰ．①家… Ⅱ．①张… Ⅲ．①住宅－室内装饰设计 Ⅳ.
①TU241

中国版本图书馆 CIP 数据核字（2014）第 293715 号

出版发行	中国海洋大学出版社		
社　　址	青岛市香港东路 23 号	邮政编码	266071
出 版 人	杨立敏		
网　　址	http://www.ouc-press.com		
电子信箱	tushubianjibu@126.com		
订购电话	021-51085016		
责任编辑	滕俊平	电　　话	0532-85902342
印　　制	上海汉迪彩色印刷有限公司		
版　　次	2015 年 1 月第 1 版		
印　　次	2017 年 1 月第 2 次印刷		
成品尺寸	210 mm×270 mm		
印　　张	7.5		
字　　数	180 千		
定　　价	49.00 元		

前　言

　　软装饰设计是在不改变室内及建筑物结构的基础上对室内环境进行再创造的设计。作为室内设计中的一个特色分支，软装饰设计正逐渐被人们了解和认同，在实际的工程中迅猛发展，市场需求也日益增大。软装饰设计课程的导入不仅可以满足设计实践的要求，可作为相关专业的基础课程、其他设计类专业的选修课程，还可以作为一项通识性的美育教育来提高学习者的鉴赏能力和审美水平，符合目前在高校推广素质教育的大背景。

　　本教材是编者在梳理、总结多年来在教学和实际设计工作中积累的理论和实践的基础上，吸收行业内前沿设计理念、成果编撰而成的。在编写过程中，充分考虑理论和实践的要求，在内容选取与篇章布局上进行了慎重考虑和安排，更具有针对性和实用性。理论上力求系统完善，遵循教学规律，进行深入浅出的讲解。第一，本教材在梳理常见室内设计风格及其配套软装饰的基础上，以设计构成及室内设计理论为依据，分别针对软装饰中的各组成元素阐述其理论知识、搭配方法和技巧，力求系统全面，便于教师组织课堂教学，也便于学生和从业者形成系统的知识框架。第二，为了提高可读性，教材遴选了大量与文字匹配的设计效果图，以图文并茂的形式生动、直观地阐述知识内容。第三，设计最终要回归到实践，为突出教材的实践操作性，本教材精选了笔者参与的设计实践作为案例部分，通过具体的设计案例可使读者进一步理解、吸收理论知识，并且通过实战可以直观展示软装饰设计操作环节及各阶段成果文件，在学习和工作中给读者以一定的启发。

　　本教材通过软装饰设计所进行的详细解析，希望读者能够建立基本的概念体系，对明确今后的学习目的和实践过程起到指导作用，给相关人员提供一些有价值的启示。教材的编写力求弥补相关专业此课程教材的缺乏，如环境设计、艺术设计、室内装饰设计等，可作为设计从业人员和广大读者的参考书，也可作为专业设计师的参考资料。

　　在教材撰写过程中，得到了上海零度装饰设计公司的大力支持，他们提供了设计案例部分资料图片。此外，本教材也参考了一些前辈学者的论述，引用了一些图片，有些无法查阅出处，在此特向相关专家、学者、行业人士表示感谢！

　　由于编者能力所限，书中难免存在不足之处，欢迎广大专家与同仁批评指正。

编　者
2014年10月

教学导引

一、教材适用范围

本教材是环境设计专业的基础课程之一，是学生掌握相关设计的有效途径。课程以常见室内设计风格及其配套软装饰元素为主导，以设计构成及室内设计原理为依据，通过对软装饰各组成元素设计过程的强化训练与相关理论系统的梳理，激发学生的主动性和创造性。本教材适用于高等院校环境设计专业相关课程的教学，也可作为相关设计人员的参考用书。

二、教材学习目标

1. 了解家居软装饰设计流程、设计特点、设计内容及设计方法。

2. 掌握不同设计风格的家居软装饰特征。

3. 使学生具备一定的美学素养，能够对不同风格空间的软装饰具有明确的认知和定位。

4. 培养学生系统、全面、创新的设计能力，在实际项目中能根据室内设计定位有针对性地选择相应的软装饰饰品，并合理布置。

三、教学过程参考

1. 资料收集。

2. 案例考察。

3. 设计概念提出、设计方案深化与软装饰饰品选配。

4. 进程汇报与点评。

5. 作业完成与反馈。

四、教材建议实施方法参考

1. 课堂演示。

2. 实地考察。

3. 方案汇报。

4. 分组互动。

5. 作业评判。

建议课时数   总课时：70

章　节	内　容	课　时
第一章	概述	10
第二章	家居软装饰的配置方法	12
第三章	室内家具及其布置	8
第四章	软装饰布艺设计	6
第五章	软装饰灯饰设计	6
第六章	工艺品的选配与布置	6
第七章	室内绿化设计	6
第八章	优秀软装饰设计案例赏析	16

目　录

C o n t e n t s

第一章　概述

第一节　家居软装饰的概念

1.1　什么是家居软装饰

随着城市建设步伐的加快，越来越多的人拥有了自己的房子，并且人们也愈加重视居住环境。目前室内设计装修一般是先请专业设计公司进行室内设计，出具设计图纸；然后请施工单位入场装修，完成对室内空间及界面构建的装饰施工。而大多数装修设计公司做到这一步就将房子交付业主，但实际上此时还未达到入住标准，接下来还需业主根据装修风格选配家具、灯具、布艺、工艺品、绿化等。在完成了上述工作后，才算是完成了一个完整的室内设计作品，满足业主入住的标准。目前装修行业常将前期施工单位所做的内容称为硬装修，而将后期对家具、灯具、布艺、工艺品、绿化等的选配与陈设称为软装饰。由此，我们从以下几个方面对硬装修和软装饰进行区分，进而引出软装饰的概念。

首先，从工程进度而言，硬装修发生在设计文件（图纸）出具之后，也就是设计装修的前段。而软装饰则发生在硬装修之后，是在房屋施工后进行的，在时间上位于装修周期的末端，是室内设计装修的最后一个环节。

其次，从材质运用的角度而言，硬装修是对空间的界面及构件表面进行的保护和装饰化处理。室内的天棚、墙面、地面、柱子、门窗等常用的材料如木材、石材、玻璃、金属、陶瓷等，从物理属性而言大都是硬性的，因此，将此段装修俗称为硬装修。而软装饰所涉及的材料大都为布艺、灯具、工艺品、绿化等，其物理属性偏软，能柔化建筑本身的冰冷感，营造温馨的居室氛围，提升环境气氛，故而后期的软装饰配饰环节俗称软装饰。

最后，从可移动性而言，硬装修所形成的成果如地面铺装、吊顶装饰、墙面装饰在完成后基本都固定在界面之上，不具有移动性，一旦业主希望对房屋风格改头换面要对其进行拆除，费时费力。而软装饰所用物则是用摆放、垂挂、搁置等灵活的方式布设，业主不仅可以随时移动它们在室内的位置，而且还能在需要的时候随时移走更换，起到烘托室内气氛、创造环境意境、丰富空间层次、强化室内环境风格、调节环境色彩等作用。有人说房子倒置过来，掉下来的东西都是软装饰的内容。从物品的可移动性而言，此话不无道理。

综上而言，软装饰是相对于硬装修而言，在空间、界面装饰施工（硬装修）完成之后，利用家具、布艺、灯具、绿化、工艺品等可移动性要素，对空间进行的二度陈设与装饰美化，即根据建筑物的使用性质、所处环境和相应标准，运用物质技术手段和建筑设计原理，创造功能合理、舒适优美、满足人们物质和精神生活需要的室内环境。这一空间环境既具有使用价值，满足相应的功能要求，同时也反映了历史文脉、建筑风格、环境气氛等精神因素。从室内整体设计角度而言，软装饰是家居环境的延伸和有益补充，是室内设计的有机组成部分。

目前，很多室内设计都是以硬装修的结束而结束，还需业主自行对软装饰进行配置。但又有不少业主不具有室内设计专业知识，选配出来的软装饰饰品与硬装风格不吻合，容易造成前期硬装修与后期软装饰的冲突，致使整体设计效果难以保证全面实现。不合适的软装饰往往也人为地造成不必要的浪费。其实，无论是硬装修还是软装饰，都是完整室内设计装修中的一个组成环节，两者应相辅相成，共同为营造统一的室内环境服务，软装饰环节也应在专业设计师指导下进行。目前，很多一线发达城市已经出现软装饰设计师，他们大多从室内设计师转型而来。作为一个新生事物，当前软装饰配饰方面的理论结构和人才培养尚不完善，社会的发展需要对其进行理论和实践方面的梳理和总结。

1.2 软装饰的组成

1.2.1 家具

家具是指在生活、工作或社会实践活动中供人们坐、卧、躺或支撑与贮存物品的一类器具与设备。

在软装饰设计中，家具陈设是重头戏，在室内空间中扮演重要的角色。现代意义上的家具，不仅是工业产品，承担着使用者坐、卧、支撑、储藏等使用功能，而且选配得当的家具也是室内装饰艺术品，具有欣赏性，可以提升空间的风格和气氛。因此，家具不仅是一种物质形态，也是一种文化形态（图1-1-1）。

图1-1-1　家具

图1-1-2　传统布艺

1.2.2 布艺（织物）

布艺即指布上的艺术，是古代民间工艺中的奇葩。传统布艺主要用于服装、鞋帽、床帐、挂包、背包和其他小件的装饰（如头巾、香袋、扇带、荷包、手帕等）、玩具等，是以布为原料，集民间剪纸、刺绣等制作工艺为一体的综合艺术（图1-1-2）。在室内软装饰设计中，布艺有了另一种含义，是指以布为主料，经过艺术加工，达到一定的艺术效果，满足居室功能及美化需求的制品。当然，软装饰布艺可以借鉴传统布艺的手法，将其自然地融入软装饰设计中去（图1-1-3、图1-1-4）。

布艺是衡量软装饰水平的重要标志，室内设计是集形状、色彩、光线及质感为一体的综合设计，布艺在这些方面都具有突出的表现力，它具有覆盖面大、柔软、花色丰富、容易系列化、易更换等优势，很容易营造"家"的感觉，受到设计师的青睐。在软装饰设计中，不能将布艺简单理解为窗帘、床罩的概念，而是包括但不限于以上单品的以布为材料的饰品集合体，例如地毯、桌旗、沙发巾、靠垫、灯罩、桌布等，随着时代的进步，其门类会越发丰富。

1.2.3 灯饰

这里的灯饰不仅指光线本身，还包括提供光线的灯具（图1-1-5、图1-1-6）。灯饰作为一种产品，其造型和色彩等特征能体现时代的审美特征和流行元素。选择具有时代特征和风格特点的灯饰是加强室内设计风格的重要手段。

图1-1-3　现代布艺床品

图1-1-4　现代布艺桌品

图1-1-5　具有造型感的灯饰设计

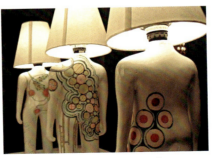

图1-1-6　艺术化灯饰设计

灯饰除了可以为室内提供一定的照度外，还能通过光色的处理、光影的变化、灯具的造型等手段增加空间的层次感、提升室内艺术效果。在不同的光线下，室内物品所呈现出来的色彩是不同的，这样就为创造出独特的空间氛围提供了便利手段。光线是室内设计中的一个重要配合点，有时候仅靠光线的变化就可以改变室内的效果。

1.2.4　室内工艺品

广义上的室内工艺品指室内空间中各种物品的陈列与摆设。工艺品范围非常广泛，内容极其丰富，形式多样。室内工艺品按性质可分为装饰性工艺品和实用性工艺品，实用性工艺品表现为家具、器皿、窗帘等，它们以实用性为主，同时外观上也兼具装饰性；装饰性工艺品如绘画、雕塑等，它们不具备使用功能，仅作为观赏用，具有审美和历史文化价值。本书所指的工艺品主要是装饰性陈设品（图1-1-7至图1-1-9）。

图1-1-7　装饰性工艺摆件

图1-1-8　装饰性雕塑

图1-1-9　装饰性工艺品（花器）

工艺品虽小，却灵活多变，在室内空间中意义非凡，具有以下几个功能。

（1）强化室内环境风格

室内空间风格各异，通过前期的空间规划、装修设计以及工艺品本身的造型、色彩、图案、质感与空间的风格相呼应，可见，合理选择工艺品对室内环境风格起着强化的作用。

（2）柔化空间，调节环境色彩

现代科技的发展，构筑了大量以钢筋混凝土为代表的冷硬、沉闷的空间，与人们回归自然的本性相悖，而工艺品等陈设的介入使空间充满了柔和与生机。工艺品千姿百态的造型和丰富的色彩赋予室内以生命力，使环境生动活泼起来。

（3）创造二次空间，丰富空间层次

由墙面、地面、顶面围合的空间称为一次空间，一般情况下很难改变其形状。利用家具、地毯、绿化、水体等在一次空间划分出的可变空间称为二次空间，它不仅使空间的使用功能更趋合理，也使室内空间更富层次感。

可见，室内工艺品对室内空间形象的塑造、气氛的表达、环境的渲染起着锦上添花、画龙点睛的作用，是完整的室内设计不可或缺的部分。室内软装饰重在表达一定的思想和文化内涵，因而陈设品的选择必须和室内整体设计相协调。

图1-1-10　局部点缀单株植物盆栽

图1-1-11　元素丰富的室内小型园景

1.2.5　室内绿化

室内绿化不仅包括通常理解的植物，也包括在室内环境中，被合理、艺术化处理的植物、山水、地形等自然景观元素。在日益崇尚自然的现代社会，绿化被越来越多地应用到室内空间中，营造充满自然风情、温度湿度宜人的室内小气候。

室内绿化从形式上可以分为两种，一是单株植物盆栽，这是一种以桌、台、架为承接体的绿化，通常尺度小巧宜人，适合局部点缀；二是综合运用山水、植物、建筑小品（亭台楼阁等）等园林景观要素营造的可赏、可游的室内景园，具有尺度大、生态效应好的特点，适合在公共空间或较大的屋顶花园、露台中布设（图1-1-10、图1-1-11）。

第二节　软装饰设计的发展趋势

软装饰设计是一门新兴的学科，软装饰设计虽然是近年来出现的新概念，但实际上一直以各种形式存在于生活之中，由于现代设计的发展及生活方式的变化，使其以更加专业化、系统化的形式存在。

人的生活环境，最理想的应该是一种能调动积极心理及生理的激情，能服务于现代生活的环境空间，因此人们对家居软装饰有了更高的品位和要求。住宅条件的改善、装饰理念的转变等驱动着软装饰行业的快速发展，并出现了以下几种趋势。

2.1　软装饰设计的生态性、环保性

随着人们环保意识的增强，可持续性发展成为当代主题，这就要求我们在进行软装饰材料选择时要考虑可回收性和再利用性。在水泥和钢筋混合的空间，人们渴望回归自然、享受自然，因此室内软装饰也强调天然材料的使用，从而创造出新型、健康、环保的室内空间。而且追求时尚的年轻群体其软装饰更换速度往往较快，可重复

利用的材料不仅能迎合这一群体的需求，也能减少资源的浪费。

2.2 软装饰设计的人本化趋势

目前国内软装饰设计行业的飞速发展，给客户的消费观念及消费方式带来多方面的影响，使得消费者的需求结构和内容发生了显著变化。人本化软装饰设计强调设计师在设计中充分尊重并引导客户对功能、情感归属和自我实现的需求。软装饰作为提升环境氛围的个性化手段，满足了更多使用者的个性化需求，他们希望通过灵动有致的软装饰设计，营造具有场所感的空间，彰显自身审美及文化水准。这就需要设计师根据业主的不同情感需求充分发挥主观能动性，有针对性地去设计，这样才能做到软装饰与硬装完美结合，软装饰与使用者的情感需求对接，从而赢得其对空间的情感认同。

2.3 软装饰饰品配置的整体化趋势

软装饰是室内设计的有机组成部分，和硬装共同组成完整的室内形象。组成软装饰的家具、布艺、灯饰、绿化、工艺品等要素是相互独立而又联系的，它们在室内设计这个大框架下共同为营造和谐的室内空间服务，这就决定了软装饰配置要具有整体性。目前很多软装饰相关行业如家纺企业、家具生产企业、壁纸窗帘专卖店等已将业务延伸到窗帘、软包、地毯、饰品、灯饰等软装饰饰品配套的层面，通过丰富的产品线提供整体软装饰饰品的服务，以提高市场竞争力。

2.4 软装饰饰品设计定制的趋势

作为家居产品边缘的软装饰饰品，承载着更多个性化和精神功能，因此，工业化、商品化的加工方式会越来越难以满足客户个性化的需求。这就要求软装饰设计师要提高自身历练和素养，能够对不同的空间进行软装饰饰品设计定制，使室内空间具有个性化和整体感，从更高层次上体现软装饰设计的价值。设计定制的软装饰饰品将更注重文化品位，强调设计感。

软装饰在我国的发展前景十分可观，将由现在的个体行为向产业化转变，软装饰的风格将更加新颖、时尚、环保，其文化色彩将更加浓郁，生态化和人性化也更加明显。软装饰将以更新、更快、更美、更有文化底蕴的面貌出现在人们的日常生活里，带给人们更多的精神享受和艺术享受。

第三节　家居软装饰的风格

风格，即风度品格，泛指艺术作品的艺术特色和个性，是区别不同作品的标记和符号。在不同的时代背景和地域特色下，通过设计者的创作构思和表现，形成具有代表性的室内设计"式样"，可通过结构、空间、界面和配饰、色彩等表现空间风格。一种典型风格的形式，通常具有外在和内在的双重因素。外在因素受历史、自然、科技、文化等大环境影响，内在因素受创作者的素养、专业水准、使用者的喜好、生活方式等影响，两者互为补充、互相影响，推动装饰风格不断向前演进。目前应用最为广泛的有欧式风格、新中式风格、地中海式风格、美式风格、东南亚风格等。

3.1 欧式风格

3.1.1 欧式古典风格

欧式古典风格特有的元素有半圆形拱券、古典叶纹装饰、山楣、垂花幔纹、古典柱式、狮爪式器足、精工铸像装饰、大型枝形吊灯、壁炉等，追求形体的变化和层次感，通过完美的曲线，精益求精的细节处理，达到古典欧式风格的最高境界。欧式古典风格用材讲究，包括半宝石拼嵌、细木镶嵌、天鹅绒家具的蒙面等，不仅要注意款式优雅，也要选用好的材质，才能显出古典的韵味与气魄。室内空间色彩鲜艳，光影变化丰富。另外，多用带有图案的壁纸、地毯、窗帘、床罩及帐幔以及古典式装饰画或物件。欧式古典风格界面中配线复杂，在材料选择、施工、配饰方面上的投入比较高（图1-3-1）。

3.1.2 新古典风格

新古典主义的特点表现为金银暗调的色彩、低调奢华的细节，注重装饰效果。配饰常选用水晶、高光金属等华美精致饰物和考究的手绘装饰画，布艺选用色调淡雅、纹理丰富、质感舒适的纯麻、精棉、真丝、绒布等华贵面料。在配色方面，较之古典风格的深沉色彩，新古典主义则更明快，白色、金色、黄色、暗红是欧式风格中常见的主色调，色彩明亮、大方，使整个空间给人以开放、宽容的气度，让人丝毫不显局促。在空间结构上古典主义更注重庄重、沉稳，对雕花与花纹都有一定的要求，而新古典风格则比较灵活，对雕花与花纹也没有特别的讲究，常以灵动、自由的方式来安排（图1-3-2）。

图1-3-1　欧式古典风格

图1-3-2　新古典风格

图1-3-3 自然的材质表现

图1-3-4 质朴的布艺

图1-3-5 空间层次丰富

图1-3-6 新中式风格色调稳重

3.1.3 北欧风格

北欧风格以简洁著称，居室中使用的木材基本上都是未经精细加工的原木，这种木材最大限度地保留了木材的原始色彩和质感，有很独特的装饰效果。除木材外，还常用石材、玻璃和铁艺等，但都保留了这些材质的原始质感。

北欧风格在色彩的选择上，经常会使用浅色调来装饰房间，这些浅色调与木色、鲜艳的纯色相搭配，创造出舒适的居住氛围，或者以黑白两色为主调，空间给人干净明朗之感。材质方面以自然的元素为主，如木、藤、柔软质朴的纱麻布品等，所使用材质、色彩都兼容性较大，若想进行装饰变化可在这两点上再深入。灯具、器皿、工艺品等饰品强调有机的设计思想和产品的人格化、情感化，以简洁的造型、纯洁的质地、精细的工艺为其特征（图1-3-3、图1-3-4）。

3.2 新中式风格

新中式风格室内多采用对称式布局方式，端正稳健，格调高雅，造型简朴优美。

新中式风格非常讲究空间的层次感，在需要隔绝视线的地方，使用中式的屏风或窗棂、工艺隔断等进行分割，展现出中式家居空间的层次之美。空间中放置具有中式元素、简约的家具陈设，使整体空间感觉更加丰富，大而不空、厚而不重，有格调又不显压抑（图1-3-5）。

新中式设计色彩浓重而成熟，以黑、红、木色为主色，江南地区也有以粉墙黛瓦为代表的黑、白、灰色，清新雅致（图1-3-6）；家具多带有明清家具形式特征，但以简练线条为主，呈现出古典与现代结合之美。软装饰陈设包括字画、匾幅、挂屏、盆景、瓷器、古玩、屏风、博古架等，崇尚自然情趣，追求一种修身养性的生活境界。中国传统室内装饰艺术的特点是总体布局对称均衡，端正稳健，而在装饰细节上崇尚自然情趣，花鸟、鱼虫等精雕细琢，富于变化，充分体现出我国传统美学精神。

3.3 地中海风格

地中海地区拥有蓝天和碧海，自由的阳光，独特的气候、地域和文化特点形成了的地中海地区与众不同的装饰符号：拱形或半拱形的门、马蹄状的门窗等建筑构件的色彩延续了海天的蓝色调；因为有海风的吹蚀，房间里的家具呈现出独特色泽和斑驳感。地中海地区手工艺术盛行，铸铁、陶砖、马赛克、编织等具有地方特色的饰品在空间装饰中被广泛应用（图1-3-7）。

地中海风格室内常用拱门与半拱门窗，白色拉毛墙面，并采用半穿凿或全穿凿来增强实用性和美观性，并辅以马赛克、小石子、瓷砖、贝类、玻璃片、玻璃珠等进行点缀。室内造型和家具的轮廓线条呈自然、原生态，呈现出独特的圆润造型，家具尽量采用低彩度、线条简单且修边浑圆的木质家具，部分采用锻打铁艺家具。窗帘、桌巾、沙发套、灯罩布艺装饰等均以低彩度调和色的棉织品，采用小细花条纹格子图案。藤类植物是常见的植物类型，同时配以小巧的绿色盆栽（图1-3-8、图1-3-9）。

图1-3-8 地中海风格具有海洋元素的软装饰

图1-3-7 地中海风格

图1-3-9 地中海风格特有的蓝白色调

3.4 美式风格

美式风格设计注重家庭成员间的相互交流，注重私密空间与开放空间的相互区分（图1-3-10）。美式风格的色彩以自然色调为主，自然、怀旧、散发着浓郁泥土芬芳的色彩是美式乡村风格的典型特征，绿色、土褐色最为常见，还有米色、土黄色、白色等。室内构件多有欧洲古典样式的拱。布艺是美式风格中非常重要的元素，本色的棉麻是主流，各种繁复的花卉植物、靓丽的异域风情和鲜活的鸟虫鱼图案很常见。墙壁大都采用一些带有乡村情调的印有竖条和植物图案的壁纸，壁纸多为纯纸浆质地。家具讲究实用，线条简洁、明晰，式样厚重，自然舒适，颜色多仿旧漆，常选择良好的木质以增加质感，怀旧、浪漫和尊重历史是美

图1-3-10 注重家庭共用空间设计

图1-3-11　家具浑厚稳重

图1-3-12　卧室舒适性强

式家具的特点（图1-3-11）。摇椅、野花盆栽、美式壁炉、水果、瓷盘、铁艺制品等是美式风格空间中常用的软装饰配饰，自然、怀旧、散发着质朴气息（图1-3-12）。

3.5　田园风格

不同地域的田园风光各有不同，进而衍生出多种田园风格，下面以英式田园风格和法式田园风格为例进行阐述。

3.5.1　英式田园风格

英式田园风格特点表现为华美的布艺以及纯手工的制作，布面花色秀丽，多以纷繁的花卉图案为主，碎花、条纹、苏格兰图案是英式田园风格常用图案，如英式的手工沙发，它一般是布面的，色彩秀丽，线条优美，注重布面的配色与对称美，越是浓烈的花卉图案或条纹越能展现英国味道。家具材质多使用松木、椿木，制作以及雕刻为纯手工的，以奶白、象牙白等色为主，造型优雅、线条细致，并以高档油漆处理，家具含蓄、内敛而不张扬，散发着淡雅的生活气息（图1-3-13）。

3.5.2　法式田园风格

法式田园风格使用温馨简单的颜色及朴素的家具，以尊重自然的传统思想为宗旨，使用随意、自然、不造作的装饰元素，营造出欧洲古典乡村居家生活的氛围，创造出如沐春风般的感官效果。法式田园风格的特点主要在于家具的洗白处理，能使家具呈现出古典美，椅脚被简化的卷曲弧线及精美的纹饰也是法式田园常用手法。色彩以柔和、优雅为主，如灰绿色系、灰蓝色系、鹅黄色系、藕荷色系以及比较女性的浅粉色系等。法式田园风格经常使用各种饰品，如瓷器挂盘、花瓶和像夹等，与绿色植物一起搭配，共同演绎出柔和的居室氛围（图1-3-14）。

田园风格在选材上粗糙和破损是允许的，越自然越好，如砖、陶、木、石、藤、竹

图1-3-13 英式田园风格起居室设计

图1-3-14 法式田园风格卧室设计

等；在织物质地的选择上多采用棉、麻等天然制品，其质感正好与田园风格不饰雕琢的追求相契合；壁挂、挂画表现的主题多为乡村风景；室内绿化也是营造田园风格的重要元素，可结合家具陈设等布置绿化，也可将绿化做重点装饰与边角装饰，还可沿窗布置，使绿化融于居室，创造出自然、雅致的氛围。

图1-3-15 用色清爽明快

3.6 现代简约风格

简约风格的特色是将设计的元素、色彩、照明、原材料简化到最少的程度，但对色彩、材料的质感要求很高（图1-3-15）。因此，简约空间设计通常非常含蓄，往往能达到以少胜多、以简胜繁的效果。现代简约居室空间关系是根据相互间的功能关系组合而成的，而且各功能空间相互渗透，空间的利用率达到最高，注意发挥建筑结构本身的形式美；造型方面多采用几何结构，线条简单、装饰元素少，需要完美的软装饰配合，才能显示出美感（图1-3-16）。装饰材料与色彩设计为现代风格的室内效果提供了空间背景，在选材上将选择范围扩大到金属、涂料、玻璃、塑料以及现代合成材料，并利用材料之间的对比关系表现出区别于传统风格的室内空间气氛。在材料的衔接上，需要通过特殊的处理手法以及精细的施工工艺来达到要求。色彩设计受现代绘画流派思潮影响较大，强调原色之间的对比与协调，大胆而灵活地运用高纯度色彩，跳跃性较大，这不

图1-3-16 具有几何造型

但是对简约风格原则的遵循，也是个性的展示，如图1-3-17所示。

现代简约风格设计的家具选择强调形式服从功能，一切从实用角度出发，依据人体特定姿态下的肌肉、骨骼结构来选择、设计，从而调整人的体力损耗，减少肌肉的疲劳。灯具和陈列品的选型要服从整体空间的设计主题。对于工艺品的设置，应尽量突出个性和美感，常选用一些线条简单、设计独特甚至是极富创意和个性的饰品（图1-3-18）。

图1-3-17　强调局部原色对比

图1-3-18　现代简约风格的卧室

3.7　日式风格

日式风格设计崇尚禅宗，追求淡泊宁静，以淡雅节制、深邃禅意为境界，重视功能性。常用的天然材料如草、竹、木、纸等，经过脱水、烘干、杀虫、消毒等处理，尽量保持原色不加修饰，着重强调素材的肌理，既确保了材料的耐久与卫生，又给人回归自然的感觉。建筑构件和家具多使用木材，木格拉门、隔窗以及灯罩习惯使用或薄或厚的纸，避免灯光直接外露，透光而不透影，形成一种柔和微妙的光感和独特韵味（图1-3-19）。家具大都造型简洁，采用清晰的线条，低矮且数量不多，装饰和点缀较少（图1-3-20）。其他装饰品一般选用纯净的卷轴字画、插花等，造型与摆放讲究工整有序，格调简朴、高雅。

图1-3-19　光线柔和的卧室灯饰

图1-3-20　日式风格低矮家具

3.8 东南亚风格

　　东南亚风格崇尚自然、原汁原味，取材自然是其最大特点，由于地处多雨富饶的热带，设计中大多就地取材，以藤竹、木材、麻绳、椰子壳等粗糙、原始的纯天然材质为主，带有热带丛林的味道（图1-3-21）。色泽上保持自然材质的原色调，大多为褐色等深色系，从而在视觉上给人以泥土与质朴的气息（图1-3-22）；工艺上注重手工工艺，以纯手工编织或打磨为主，不带工业化的痕迹，纯朴味道浓厚，颇为符合时下人们追求健康、环保、人性化以及个性化的理念。

　　由于东南亚地处热带，气候闷热潮湿，为了避免空间的沉闷压抑，因此在设计中常用夸张艳丽的色彩冲破视觉的沉闷，常采用明黄、果绿、粉红、粉紫等艳丽的色彩用作沙发、床品布艺，与原色系家具相衬，阐述轻盈慵懒的华丽感。

图1-3-21　原生态的材质

图1-3-22　以原生材料为主色调

　　东南亚风格家具最常使用的实木、棉麻以及藤条等材质，造型常以简洁的设计取代复杂的装饰线条，营造清凉舒适的感觉。各种各样色彩艳丽的布艺装饰点缀能避免家具的单调气息，活跃气氛。在布艺色调的选用方面，常选用深色系的具有南亚风情标志性的炫色系列，其在光线照射下能产生斑斓效果，沉稳中透着贵气。一般情况下，深色的家具适宜搭配色彩鲜艳的装饰，而浅色的家具则应该选择浅色或对比色（图1-3-23）。

　　东南亚的宗教信仰使带有浓郁宗教情结的装饰品也相当风靡，饰品以突显拙朴禅意为本，大多以纯天然的藤、竹、柚木为材质，纯手工制作而成，其色泽纹理有着人工无法达到的自然美感。在工艺品搭配上，经常可以看到大红色的东南亚经典漆器，金色、红色的脸谱，金属材质的灯饰等，如手工敲制出具有粗糙肌理的铜片吊灯。这些具民族特色的点缀使得空间散发出浓浓的异域气息，并具有禅意气息（图1-3-24）。

图1-3-23 绚丽的布艺点缀　　　　　　　　　图1-3-24 饰品凸显手工拙朴感

思考与练习

1. 室内软装饰的概念是什么？它包括哪些内容？它与硬装设计的区别在哪里？

2. 结合实际，思考并展望软装饰设计的发展趋势。

3. 选择感兴趣的室内设计风格进行分组调查研究。

要求：

（1）内容应涵盖此种风格的起源及背景、设计特征、软装饰元素典型表现形式。

（2）形成图文并茂的分析调研报告，并用PPT的形式进行课堂交流。

第二章　家居软装饰的配置方法

第一节　家居软装饰设计流程

　　家居软装饰设计是在硬装修施工完成后进行的环节，其工作流程一般分为接受项目、提出概念、设计表现、深化设计等几个程序。在实际项目操作中，这些程序之间的界限不是非常明显，有些环节也许会因项目特点而简化或省略，但作为初学者，了解软装饰工作设计流程并按步骤开展工作时上手会更快。以下分别详细阐述。

1.1　接受项目任务

1.1.1　项目来源

　　目前，软装饰设计项目的任务来源常有以下两种途径：一是室内设计公司硬装修设计项目的后续工作。软装饰设计作为室内硬装设计的延续，与其具有同本同源的关系，一般客户在硬装修施工完成后，与合作设计师已达成一定的共识与了解，考虑对项目的熟悉程度与对设计师的认可，会选择其继续承担该项目的软装饰设计任务。这也是目前软装饰设计师大都由室内设计师兼任的重要原因，很多室内设计师已经关注到这块市场并主动向此领域转型。二是甲方（业主）以项目招标或委托的方式将软装饰设计项目发包给设计公司。这类项目中，被委托设计公司仅负责软装饰设计版块。这就要求设计公司要全面深入领会硬装修设计的主旨，并在此基础上通过软装饰配置将整体设计概念予以完善和提升。同时这类项目往往属于要求较高的项目，甲方要求较为明确，期望值高，设计师与甲方沟通时间较短，这就要求设计师要在短时间内对项目准确理解并表现出专业的水准。

　　不管哪种类型的项目，设计公司承接项目的时候都要考虑自身实力及项目情况来确定承接与否。设计公司要结合自身时间和设计能力来确定项目，切不可贪图经济效益而盲目接受项目，远超自身设计能力的设计往往难以达到委托方的要求。设计公司要想在行业内立足，可承接对自己稍有难度的项目，踏踏实实做好每一个项目，关注项目最终效果的实现，逐步提升设计水平。

1.1.2　签订合同

　　当确定好项目以后，需要与甲方或是业主签订软装饰设计合同。软装饰设计合同目前在各国家或地区并无统一版本或格式，但作为明确双方权利和义务的文件，设计合同要明确双方的责任、权利和义务，可按各自公司的法律文书格式起草，大体涵盖以下内容：工作内容、工作进度、收费方式及付款进度、违约责任及其他特别约定事宜等。

签订好设计合同后，就可以着手资料收集及案头工作了，包括项目特征、甲方要求、相应软装饰饰品分类整理等。

1.2 提出软装饰设计概念

1.2.1 设计概念

设计是一项原创性劳动，一个没有设计概念的设计，就像文章缺乏立意一样，是没有灵魂的设计。设计的难点也在于要提出一个好的设计概念即构思。而一个好的设计概念的提出，往往需要足够的信息量，要有商讨和构思时间，设计概念的酝酿可从以下几个方面入手。

（1）甲方的设计要求

设计是一项定制化的创意劳动，定制的客户就是甲方，从这个角度而言，设计师也可以说是提供设计服务的一方。因此，绝不可将设计师与艺术家等同。艺术家创造构思受限较少，发挥余地大，而设计师首先要做到设计满足定制客户的需要。设计师可以要求甲方提供书面设计要求，越详细对设计构思越有帮助，也可以是口头交流，同时需注意甲方的生活习惯、宗教信仰、文化背景等信息。需要指出的是，有时甲方的要求不尽合理或与项目设计的初衷有所背离，这就需要设计师及时有效地引导，而不是一味迎合与满足甲方要求。因此，设计师也需要具有一定的沟通与谈判技巧。

（2）室内设计概念与风格

作为室内设计的后续工作，软装饰设计很难抛开硬装修设计单独行事，要保证它与原有硬装修设计的浑然一体。因此，软装饰设计师要充分了解项目特征，了解硬装修设计师的创作构思、设计手法，才能在此基础上起到画龙点睛的效果。具体要做到对该项目的工程概况、空间性质、设计风格了然于胸，在此基础上再去收集相关资料，寻找设计概念的构思点，最终提出与硬装修设计相吻合的设计概念。

1.2.2 设计概念的表现

设计概念可以用以下方式表现。最常见的一种是概念图片，即设计师根据设计概念挑选相应的参考图片，整理成PPT或是图册与甲方交流（图2-1-1）。这是一种比较直观的方式，甲方很容易根据图片领会设计效果，感受设计师的意图；当有些概念图片与实际空间不符时，设计师可以借助手绘效果图的方式将软装饰饰品在空间中的关系表现出来，再结合前面的概念图片，可以使甲方想象出项目的实际效果，这种方式尤其适合在与甲方现场沟通时使用（图2-1-2、图2-1-3）。为使甲方整体感受空间效果，还可运用平面索引图的方式，在平面图中将各个空间中的软装饰饰品索引出来，并作数量、尺寸、单价等基本信息说明（图2-1-4）。当软装饰设计前期工作准备得较为充分时，可将整个空间的摆放效果用动画的形式呈现出来，这是最为直观的一种方式，但需要一定的人力和资料支持，如要有3D模型、空间场景等基础资料，可用于大型工程竞标环节，以突显公司实力。以上几种方式，设计师可根据项目特征灵活选用。

餐边柜壁饰　　餐盘　　花艺　　酒杯　　香薰蜡烛

餐厅配饰　色彩搭配上延用了黄蓝白，使人身心放松、愉悦。
精致的挂饰，花艺的搭配也为就餐增添了一份恬静。

餐厅顶灯　　白色餐边柜（或胡桃木色）　　餐桌配饰效果

图2-1-1　软装饰概念图片

图2-1-2　软装饰手绘效果图1

图2-1-3　软装饰手绘效果图2

图2-1-4　软装饰平面索引图（单位：mm）

1.3　设计方案深化

当设计概念确定并以适当的方式表现出来后，就可按照既定的设计概念进行设计方案的深化。软装饰设计方案深化主要包括以下工作。

1.3.1　图纸深化

软装饰设计图纸与硬装相比较简单，通常在平面图上将所配置物品标示出来，对于重点部位，可用立面图补充说明即可（图2-1-5至图2-1-7）。需要指出的是，软装饰设计图纸并非一成不变地沿袭硬装设计，它可以对硬装设计的不合理之处予以调

图2-1-5　软装饰平面图（单位：mm）

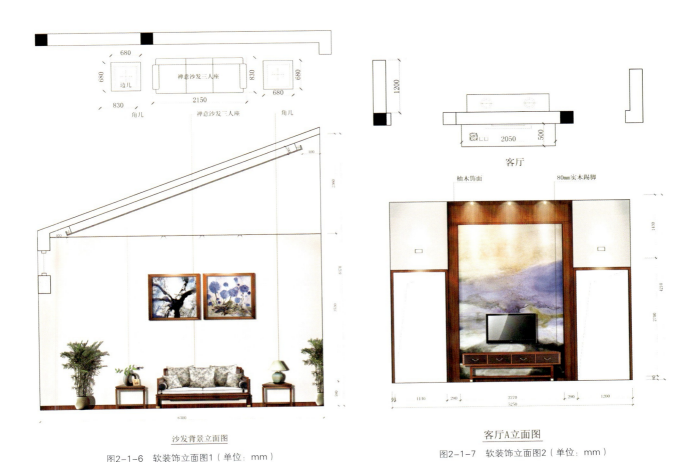

图2-1-6 软装饰立面图1（单位：mm）

图2-1-7 软装饰立面图2（单位：mm）

整甚至改变。比如空间或是界面设计中的不合理之处，可以采用家具摆放或是挂件遮挡的形式予以改变，这时，设计师可以提供2～3套方案供甲方选择，进行方案比对，选择最合理的方案。或是在客户对色彩、风格、产品、款型认可的前提下，按照不同的档次多作几种报价方案，以便客户有选择的余地。

1.3.2 软装饰物品深化与采买

当设计方案确定后，为便于采买工作顺利进行，设计师可以制作一个采买图表（图2-1-8），将所选物品按照空间、位置、名称、数量、单价、规格型号等信息罗列出来。这样一是便于设计师整体把控项目，避免漏项，另外还便于在选择时相互协调、控制造价。

采买时，通常会从体量较大的家具开始，因此空间形态风格占据主导作用；其次是面积较大的窗帘、床品等布艺制品，这些软装饰饰品的质感、色彩、图案对空间影响较大；然后选择灯具、大型植物等物品；最后可着手于体量较小、情趣感强的陈设品，这类物品可根据造价、空间作灵活调整。

楼梯	壁灯	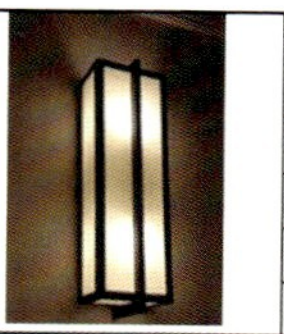	品牌： 型号： 规格： 尺寸： 材质： 颜色：	单位	数量	单价(元)	合计（元）	付款情况	订单日期	订单号
				只	2		¥0.00			
客厅	吊灯	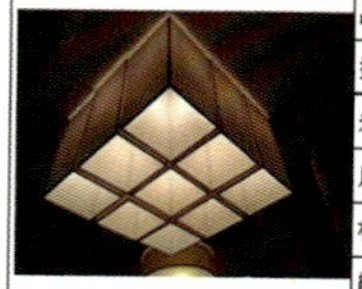	品牌： 型号： 规格： 尺寸：630×630×380（单位：mm） 材质： 颜色：	单位	数量	单价(元)	合计（元）	付款情况	订单日期	订单号
				只	1		¥0.00			
餐厅	吊灯	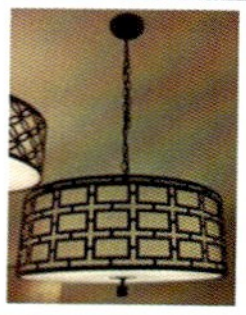	品牌： 型号： 规格： 尺寸： 材质： 颜色：	单位	数量	单价(元)	合计（元）	付款情况	订单日期	订单号
				只	1		¥0.00			

图2-1-8　软装饰采买图表

1.4　软装饰方案实施

软装饰方案实施就是将软装饰饰品按照既定的位置摆放出来。作为软装饰设计师，对产品的实际摆放能力同样重要。一般可以按照家具—布艺—画品—饰品等的顺序进行调整摆放。每次产品到场，设计师都应该亲自参与摆放。需要注意的是，软装饰配饰不是元素的堆砌，是提高生活品质的有效手段，软装饰饰品的组合摆放要充分考虑元素之间的关系以及主人生活的习惯。有些物品的摆放要与界面发生关系，如绘画作品，这就要求施工人员了解界面情况，选择合适的位置和角度。总之，软装饰方案的实施要由设计师作全面统筹，把控最终效果。

1.5 效果调整及回访跟踪

方案实施完毕后，设计公司应及时完成保洁，回访跟踪甲方意见，针对客户反馈的意见进行效果调整，包括色彩调整、风格调整、元素调整与价格调整等。因为客户对方案的意见有时与专业的设计师有区别，这时需要设计师认真分析客户诉求，从专业角度灵活应对与引导，以保证方案的调整具有针对性，实现最佳效果。

第二节　室内软装饰设计的原则与手法

2.1　室内软装饰设计的原则

室内软装饰设计受面积、建筑结构等诸多因素的限制，进行软装饰设计时应从实际情况出发，合理安排家具等生活必备品，适当进行工艺品的点缀、美化，同时注意留有一定的活动空间。为使室内软装饰实用美观、完整统一，应注意以下几点原则。

（1）满足功能要求，力求舒适实用

家居软装饰的根本目的是为了满足使用者的生活需要，如居住和休息、做饭与用餐、存放衣物与摆设、业余学习、会客交往以及家庭娱乐等方面。创造出一个实用、舒适的室内空间是家居软装饰设计的主要任务。因此，家居软装饰设计首要是合理性与适用性。

（2）整体布局完整，氛围协调一致

根据功能要求，空间的整体布局必须完整统一，这是软装饰设计的目标。完整的布局体现出协调一致的氛围，包含空间的客观条件和人的主观因素（个人的爱好、职业、习惯等）。围绕这一原则，应合理利用装饰手法进行室内装饰、器物陈设、色调搭配。

室内软装饰设计中，每件装饰品为了表现本身，也应和空间场所相协调，只有这样才能反映空间特色，形成独特的环境气氛，赋予深刻的文化内涵，而不至落于华而不实或千篇一律的境地。

（3）布置疏密有致，装饰效果适当

软装饰设计时，在平面布局上要格局均衡、疏密相间，在立面布置上要有对比、呼应，切　不分层次地堆积一起。如家具是居住空间的主要物件，它所占的空间与人的活动空间要配置得合理、恰当。

软装饰的总体效果不仅与所用器物及布置手法密切相关，也与器物的造型、尺寸、特点和色彩有关。装饰是为了满足人们的精神享受和审美要求，在已有的物质条件下，要有一定的装饰性，达到朴素、大方、舒适、美观的装饰效果。

（4）色调协调统一，体现对比变化

色调能突出表现室内空间效果，因此室内装饰的一切器物的色彩都要在色彩协调统一的原则下进行选择。色调的统一是主要的，对比变化是次要的。色彩美是在统一中求变化，又在变化中求统一的和谐效果。在达到总体色调统一的前提下，可适当点缀一些装饰品形成对比，以增强艺术效果。

2.2 软装饰设计的手法

软装饰设计与其他艺术设计一样，是依赖视觉感受的艺术形式。视觉语言在空间表现中无处不在，色彩搭配、材质选择、技术运用等均可给视觉带来冲击力。在实际案例中，除了考虑实用性和经济性外，也要突出创造美的价值及效果。在"以人为本"的前提下，软装饰设计在满足空间实用功能的基础上，运用形式语言来表现主题、情感和意境，具体通过以下手法表现出来。

2.2.1 统一

所谓统一，就是软装饰配饰的款式、色彩、质地等，应统一在一个大基调或风格中，给人视觉的感受总体上应是协调的、稳定的。统一就是突出共性，形成整体感，可以从色彩、形态、艺术风格等几个方面来表现。

（1）色彩统一

色彩统一即室内空间各个组成要素有一个统一的色彩基调，形成一个整体的色彩感觉，可以选择用同一色相中不同的明度和纯度的变化形成室内整体的色彩。统一的色调能营造一种平和、安定的氛围（图2-2-1至图2-2-3）。

（2）形态统一

形态统一是指利用统一造型的形态进行室内配饰的选择和搭配。统一形态物品的运用可以强化室内空间的某种造型感，给人留下深刻的印象。不同室内风格会表现出不同的造型特点，但通过对其相同形态的强化，也可达到突显风格的作用（图2-2-4、图2-2-5）。

（3）艺术风格统一

艺术风格统一是指在选择软装饰饰品时选择同一风格的物品作为空间布置的对象。艺术风格的统一是打造空间风格的重要手段，带有鲜明风格特征的物品本身就能传达和加强空间的风格特征，对于塑造空间的个性和氛围至关重要。比如，选择家具时最好成套定制，布艺也最好按套系制作，从而达到整体艺术风格的统一（图2-2-6至图2-2-8）。

图2-2-1　用白色调统一空间要素

图2-2-2　白色调卫浴设计

图2-2-3　阳台家具沿用白色调

图2-2-4　客厅造型采用有机形态

图2-2-5　楼梯间延用有机形态设计

图2-2-6　现代风格墙面搁架

图2-2-7　现代风格家具

图2-2-8　空间整体艺术风格的统一

2.2.2　对比

　　对比是艺术设计的常用手法，即把不同形体、色彩（图2-2-9、图2-2-10）的元素进行对比并置，如大小、黑白、粗细等。把两个明显对立的元素放在同一空间中，经过设计使其既对立又协调，既矛盾又统一，在强烈反差中获得鲜明对比，取得互补和满足的效果。以肌理为例，各种装饰材料由于表面组织结构不同，给人带来不同的视觉、触觉效果，从而反映出不同的质感。在软装饰配饰设计中，要协调好各种质感物品的肌理对比关系，使它们既协调又有对比（图2-2-11、图2-2-12）。

　　任何空间和形态都是在对比下被感知的，在软装饰设计中若缺少对比，就会缺乏变化，从而产生单调、空洞感。比如两种尺度相近的物品放在一起，再大也很难感觉出大小，而若将其与小的物品放在一起，才能准确地感知其大小。反之，辩证地看，软装饰设计中也不能对比太多，否则会由于导致变化过多使人眼花缭乱，丧失其整体美感。一个好的设计师要处理好统一与对比的关系，使室内各个元素在调和的基础上对比，在对比中调和。

图2-2-9　红色与无彩色对比

图2-2-10　冷色与暖色对比

图2-2-11　石材、木材、竹材的搭配与对比

图2-2-12　光滑的玻璃与温馨的布艺床品对比

2.2.3 对称

对称是指以某一点或线为对称点或对称轴，呈上下、左右对称布置，如树叶、人体、太阳等。对称能带给人平衡、稳定的感觉，在软装饰设计中同样如此，具有对称感的设计，会使人感觉秩序、庄重、整齐，从而引发其美感。

对称又可分为绝对对称和相对对称。绝对对称是指对称轴两侧软装饰形象完全相同，这是一种无条件的对称、永恒的对称，采用这种方式处理室内装饰可使形态井然有序，形成一种庄严、稳重、大方、肃穆的感觉，但是比较拘谨，看到其中一面就可以判断出另一面，缺乏神秘感，因此不免单调呆板。在古典设计中往往采用对称手法来谋求空间的稳定美感，到20世纪初，现代主义设计思潮曾对这种形式进行批判。然而对称的构图，毕竟经过长期的历史沉淀深深根植于人们的审美意识中，因此频繁应用于设计中，尤其对于营造庄严肃穆的空间而言十分合适。

根据功能需求不同，对称手法可以应用在客厅、餐厅、卧室等的布局中。以餐厅为例，以餐桌为轴心对称布局，餐桌上的摆件也是如此，方便人们看到彼此的同时获取餐桌菜品，更适合交流，完成就餐功能（图2-2-13）。但是需要注意的是，绝对对称的处理能充分体现稳定感，同时也具有一定的图案美感，但需要通过其他软装饰设计调节来避免平淡甚至呆板感，由此，相对对称应运而生。

相对对称是指在绝对对称的结构中有少部分形状或色彩出现不对称的现象。相对对称是一种在对称形式下产生的相对稳定的形式，在材质、色彩、构图方面会起到相互呼应的作用，在软装饰设计中被广泛采用。特别在现代风格的设计中，往往采用相对对称的布局，在基本对称的基础上进行变化，从而达到稳重有变的灵活效果。以餐桌为例，可以在餐桌两边放置颜色相同，造型截然不同的椅子。这种形式不失其对称形式的稳定感，又显得灵活、自由，在宏观上是对称的，但局部又是变化的（图2-2-14、图2-2-15）。

图2-2-13　图案与家具绝对对称布置

2.2.4 均衡

均衡不受中轴线和中心点的限制，没有对称的结构，但有对称式的重心，是在对称的基础上发展起来的，由形的对称变为力的对称，体现为"异形等量"的外观，体现了变化中的稳定，即由形的对称转化为力的对称。均衡是依中轴线、中心点不等形而等量的形体、构件、色彩相配置，与对称形式相比较，均衡有活泼、生动、和谐、优美之韵味。如图2-2-16所示，橱柜台面的布置均衡，呈现随意舒适感。

2.2.5 层次

室内软装饰设计也要追求层次感，如色彩从冷到暖，明度从亮到暗，纹理从复杂到简单，造型从大到小、从方到圆，构图从聚到散，质地从单一到多样等，都可以看成富有层次的变化。层次变化可以取得极其丰富的视觉效果，在一个区域和范围内，视觉上要有一个中心，这个中心就是布置上的重点。居室内保持一个亮点，形成主次分明的层次美感，而软装饰的总体风格也易于把握。

图2-2-14　坐垫相对对称布置

图2-2-15　两沙发呈相对对称

图2-2-16　橱柜台面布置

明确地表示出主次关系是很正统的布局方法，对某一部分的强调可以打破全局的单调感，使整个空间变得活跃。需要注意的是，一个空间一般只有一个视觉中心，如客厅的中心可以在沙发或电视背景处、餐厅为餐桌组合、卧室为床处等。重点过多就会变成没有重点，配角的一切行为都是为了突出主角，切勿喧宾夺主（图2-2-17、图2-2-18）。

2.2.6　重复

重复是指相同、相似的形象或单元以某种形式有规律地反复排列，在形象上得到连续，从而提高人们的记忆力，并增强视觉效果。如街道两旁的路灯、礼堂内的座椅、阅兵队伍的方阵等都给人以单纯、整齐的美感，其气势绝非个体单元所能形成的。由于有规律地反复，出现的秩序感、节奏感、韵律感会使人产生一种统一、和谐的美感。

（1）单纯重复

如果某一单元只作有规律的、简单的重复出现，如建筑中的门窗、布艺设计中采用同样的图案，这种重复叫单纯重复，会产生单纯的节奏感，创造一种均一美。单纯重复一般其重复单元形状、大小、色彩、肌理等特征都应相同（图2-2-19），但这样会显得呆板。为避

图2-2-17　卧室以床具中心

图2-2-18　餐厅以餐桌为中心

图2-2-19　家具造型的单纯重复

图2-2-20　墙面造型的变化重复

免这种情况，可使基本单元在方向上或色彩上稍作变化，但仍重复排列，从而产生节奏感。

（2）变化重复

如果某一单元不但有规律地重复，而且在此规律变化中产生了动感（韵律），或是在重复中出现了有情调的变化，就产生了变化重复。如图2-2-20所示，墙面造型的变化重复产生动态感。变化重复是节奏形式的深化，如同交响乐般有高潮、低潮，音乐家可以通过音乐的韵律来抒发情感，软装饰设计师也可以通过形体有规律的变化来体现自己的创作思想，使软装饰配饰体现一种丰富多彩的韵律美。如图2-2-21所示，楼梯的变化重复形成韵律。

图2-2-21 楼梯的变化重复

2.2.7 简洁

简洁设计是现代设计推崇的一种表现手法，"以少胜多、简洁就是丰富"便是简洁的设计理念。空间环境中没有华丽的修饰和多余的附加物，以少而精的原则把室内装饰减少到最低程度，以少胜多、计白当黑。在当今物质繁杂、心浮气躁的现状下，简洁是室内设计中特别值得提倡的手法之一，能为使用者带来内心的平静祥和（图2-2-22）。

简洁并不是简单，而是经过反复推敲提炼出的精华之美，它是现代人崇尚精神自由的一种体现。在软装饰设计中，简洁手法强调"少而精、点到为止"，要求用干净、利落的造型、色彩和构图方法，构筑出令人赏心悦目、具有现代感的空间意象，将室内装饰减到最小，如同中国书画中的留白手法，营造出很强的空间感，还可以赋予创意以广袤深远的意境，更可以给人留下更多的想象余地（图2-2-23）。

图2-2-22 干净利落的家具及空间设计

2.2.8 呼应

呼应是指前后相关、对应，反映在软装饰设计中就是装饰物在形态、色彩、肌理及构图方式等方面相互对应，形成一种前后关联一致的状态。顶面与地面、墙面、家具或是其他部位，都可采用形象对应、虚实气势等方法取得呼应的艺术效果。呼应属于均衡的形式美，是各种艺术常用的方法，运用在软装饰设计中可加深人们对环境中重点景物的印象，强化空间感觉（图2-2-24、图2-2-25）。

图2-2-23 简洁的色彩设计

图2-2-24　顶面形态与墙面形态呼应

图2-2-25　空间色彩及形态的呼应

第三节　软装饰色彩构成及搭配

3.1　色彩的基础知识

随着时代的发展，社会的需要，软装饰色彩的设计一直处于动态的发展之中，与其他设计一样，受社会思潮、人的观念以及时尚流行色的影响而不断产生变化。色彩的变化与调整是软装饰设计中最易实现的，也是效果最好的，软装饰的多样性为色彩的更新创造了条件。

软装饰设计中，空间的顶面、地面和墙面的色彩往往是空间色调的决定因素，但有时在不改变空间顶面、地面和墙面的色彩时，也可以通过主要家具、布艺、工艺品的改变达到焕然一新的效果。

3.1.1　色彩的三要素

色彩是由光与被照射的物体表面的色彩相貌相互作用所产生的。色彩到达人的视线范围必须借助光的作用才能实现，光是决定色彩的重要因素之一。色彩的三要素包括色相、明度、纯度（色度），任何一个颜色或色彩都可以从这三个方面进行分析。

（1）色相

色相指色彩本来的相貌，即我们对于色彩的感知，也就是色彩的名称和表象。如红、橙、黄、绿、蓝、紫等，在这六种主要色之间加入中间色相可以变成12种，如图2-3-1所示。

（2）明度

明度指色彩的明暗程度。在反光率相同时，不同色别的明暗程度不同。黑色明度最低，白色明度最高。加入的黑色越多明度越低，加入的白色越多明度越高。同一色

图2-3-1　十二色相环图

相因受光强弱的变化也呈现出不同的明暗变化，一般情况是受光多时明度高，受光少时则明度低。物体对光的吸收、反射性能不同，也会呈现出明度的差异。一般用明度轴来表示（图2-3-2）。

（3）纯度

纯度指色彩的纯净程度，也就是彩度，指色彩的饱和、纯净程度，或者说鲜艳程度，可以用纯度阶表现（图2-3-3）。

同一色相因饱和度的差异也呈现不同的颜色。黑、白的渗入会导致饱和度、明度的变化。影响饱和度的因素有照明光线的性质、物体表现结构及对光线吸收、反射的性能等。

3.1.2　原色、间色、复色

原色是指不能用其他色混合而成的颜色，在伊顿色相环中红、黄、蓝为三原色。间色是由任意两个原色混合后的色。复色是由一种间色和另一种原色混合而成的。由原色、间色、复色组成的有规律的12种色相的色相环如同彩虹的接续，在这个色相环中，每一种色相都有它自己相应确定的位置。

3.1.3　色彩的物理和心理效应

色彩本身无所谓美，色彩美与审美主体有关，因此，色彩成为美的对象取决于人对色彩的感受和作出的评价。各个时代、各个民族、各个地区由于政治、经济、文化、风俗习惯、宗教信仰以及地理环境的不同，对色彩的审美要求、审美思想不尽相同；不同的人，由于性别、年龄、文化修养以及气质、性格、爱好、兴趣等方面的不同，对色彩也各有偏好；即使是同一个人，由于遭遇、心境而产生情绪变化，对色彩的感受和审美心理也不是固定不变的。只有当色彩所反映的情趣与人们所向往的精神生活产生联想，并与人们的审美情绪产生共鸣时，人们才会感受到色彩美的愉悦。

由于长期生活实践中形成的经验，人们对于外界适度刺激产生的感觉是多种多样的，但存在一定的共性，我们把这样一种感觉的共生现象称为共感觉，它是色彩带给人的物理和心理效应，包括以下几个方面。

（1）色彩的温度感

色彩的温度感是营造空间气氛的比较重要的一个环节。

冷暖感实为人体触觉对外界的反应，色彩本身并无冷暖的温度差别，对色彩的冷暖感是人们由于经验及条件反射的作用，是视觉成为触觉的先导，从而使色彩引起人们对冷暖感的心理联想与条件反射。动态大、波长长的色彩如红、橙、黄等色给人以暖的感觉，动态小、波长短的色彩如蓝、蓝紫等色给人以冷的感觉。

色彩的冷暖感是物理、生理、心理以及色彩本身属性等综合因素的共同作用，对人的心理会产生比较强烈的影响。暖色会让人兴奋，并使人产

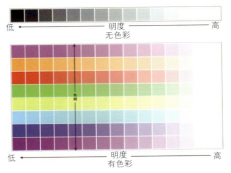

图2-3-2　色彩明度轴

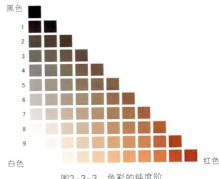

图2-3-3　色彩的纯度阶

图2-3-4　红色调的室内设计

图2-3-5　绿色调室内设计

生积极进取的感觉，冷色则消极退缩，让人感觉沉静或者压抑。

软装饰设计过程中，恰当地应用冷暖色有助于改善居住条件，如宽敞的居室采用暖色装修，可以避免家居空间的空旷感；小的房间采用冷色装修，在视觉上让人感觉空间大些。在不同气候条件的地区运用不同的色彩也可一定程度地改变环境气氛。在气候严寒的地区，人们希望温暖，空间墙面、顶面、地面以及家具、窗帘等选用红、橙等暖色装饰会有温暖的感觉，如图2-3-4所示，红色为主色的空间温暖的感觉扑面而来；而在炎热的气候下，采用青、蓝等冷色装饰居室，感觉上则比较凉爽，如图2-3-5、图2-3-6所示，分别以绿色、蓝色调为主的空间，容易让人平和、宁静、自然，可以使心情和身体都能放松下来。

中性色沉稳、得体、大方，能与任何色彩进行搭配，起到和谐、缓解作用，可以让人们感觉轻松，避免疲劳。如图2-3-7、图2-3-8所示，灰色靠近暖色会显得冷静，靠近冷色会显得温暖。配一点自然材质或明亮的色调，黑、灰色将发挥厚重暗色的魅力，是很有特色的布置。

软装饰设计中，恰当使用中性色，不仅能用于调和色彩搭配，还可以突出主体颜色。

（2）色彩的进退、胀缩和重量感

① 色彩的进退感。我们在进行色彩配置的时

图2-3-6　蓝色调室内设计

图2-3-7　冷灰色调室内设计

候，感觉有的色彩比实际所处的距离要近，有的色彩感觉比实际的距离要远。在感觉中的距离显得比实际距离近的色彩我们称为前进色，显得比实际距离远的色彩称为后退色。一般而言，暖色、明度高、彩度高的为前进色，反之则为后退色。

② 色彩的胀缩感。色彩的距离感还会影响体积感。有前进色的物体在感觉上会显得比真实物体的体积大，因此前进色也常被称为膨胀色，如图2-3-9所示，黄色是膨胀色，大面积使用时，搭配中间色可以使空间显得较为柔和。后退色的物体在感觉上则会显得比真实物体的体积小，故后退色也常被称为收缩。

③ 色彩的重量感。色彩很多时候给人这样一种感觉，同样面积、体积的物体，有的看起来分量很重，有的则感觉很轻，这主要是色彩对人的感官刺激造成的。一般来说，黑色、重灰色等色彩使人们心理上会感觉分量比较重，有下坠感，称为重色（图2-3-10）。白色、亮灰色等色彩在人们的心理上会显得较轻，形成轻盈的上升感，称为轻色。如图2-3-11所示，没有压迫感的白色用于墙面或顶面使空间感觉宽敞，可以让使用者从心理上接受空间。

色彩的轻重感主要取决于色彩的明度。明度越低显得越重，明度越高显得越轻。色相与色彩的饱和度对于色彩的重量感的影响比较小。

利用色彩的距离感、胀缩感和重量感来进行布局，可以改变使用者的心理尺度，是软装饰设计中最有效、最方便、最廉价的手段之一。

图2-3-8　暖灰色调室内设计

图2-3-9　使用膨胀色的室内设计

图2-3-10　黑色空间

图2-3-11　白色空间

图2-3-12　粉红色空间

图2-3-13　茶色空间

图2-3-14　以白色为背景色

（3）色彩的强度感和硬度感

色彩的硬度感与强度感觉主要由明度决定。明度越低强度越强硬度越硬，反之明度越高就显得越软。显硬的色彩称为硬色，显软的色彩称为软色。如图2-3-12所示，明度较高的粉色能缓和严肃的气氛，营造温馨的空间氛围。图2-3-13中，明度较低的茶色能使人联想到大自然的泥土、木头等，给人以安心感觉。如果空间大量使用木质家具，地板选用深茶色等较深色泽为好。

由于色彩存在着这些共感觉的现象，在很大程度上增强了色彩的信息功能，也极大地丰富了色彩的表现力。在空间色彩设计的时候，应该充分利用色彩的这些特殊语言来传达空间氛围。

3.2　空间色彩的组成及搭配

3.2.1　空间色彩的组成

室内空间色彩即是由建筑界面为背景，以家具、布艺等在空间中占大面积的主体物的色彩和居于次要地位的陈设品的点缀色组成的色彩组合。室内色彩搭配也就是研究以上色彩的合理搭配问题，其内容不仅包括建筑内部的界面色彩，也包括附着在其上的表面装饰材料色彩，还包括其间家具、电器等，以及布艺、字画、雕塑等艺术品，植物、花卉等自然景物的色彩。

室内空间色彩由主体色、背景色、点缀色共同组成。

（1）背景色

背景色，即空间墙、地、顶面（六大界面）的和建筑构件（门窗梁柱等）的色彩，背景色在室内色彩中主要起衬托作用。背景色占有极大面积并起到衬托室内一切物件的作用，决定了整个房间的色彩基调。因此，背景色是室内色彩设计中首要考虑和选择的问题（图2-3-14）。

（2）主体色

在背景色的衬托下，在空间中占有统治地位的家具、布艺为代表的主体是室内陈设的主体，是表现家居风格、个性的重要因素。大型家具和一些大型家居陈设具有可移动性且立体感强，它们所形成的大面积色块比起背景色的单面性，给人的视觉是多面的、变化的（图2-3-15）。主体色在家居色彩设计中较有分量，是控制家居色彩格调的主要因素，与其他部分的颜色搭配时要

图2-3-15　醒目的主体色　　　　　　　　　图2-3-16　点缀色形成空间焦点

注意协调统一、对比变化，才能形成视觉中心。

主体色与背景色彩有着密切关系，如要形成对比，一般选用背景色的对比色或背景色的互补色作为主体色；如要达到协调，则选择同背景色色调相近的颜色作为主体色，比如同一色相或类似色的颜色。

（3）点缀色

空间中重点装饰和点缀的面积小却非常突出的颜色称为点缀色，如靠垫、抱枕、各种工艺品等，这些装饰物往往采用突出的强烈色彩，是软装饰设计中的亮点。点缀色常选用与背景色形成对比、可以打破单调的空间环境，如果运用得当，可以取得很好的室内装饰效果（图2-3-16）。

在室内色彩调配时，不能将上述对色彩的分类，作为考虑色彩关系的唯一依据。分类可以简化色彩关系，但不能代替色彩构思，色彩调配可以不拘泥于室内色彩的层次关系而作灵活处理。如在室内家具较少时，大面积的墙面、地面也可以作为色彩装饰的重点表现对象，常成为视觉的焦点。因此，可以根据设计构思，采取不同的色彩层次变化，选择和确定图底关系，突出视觉中心。

① 用统一顶棚、地面色彩来突出墙面和家具。

② 用统一墙面、地面来突出顶棚、家具。

③ 用统一顶棚、墙面来突出地面、家具（图2-3-17）。

④ 用统一顶棚、地面、墙面来突出家具（图2-3-18）。

背景色、主体色、点缀色三者之间的色彩关系绝不是孤立的、固定的，背景色作为空间的基色调提供给所有色彩一个舞台背景，通常选用低纯度、含灰色成分较高的色，可增加空间的稳定感；主体色是空间色彩的主旋律，决定环境气氛，体现空间的风格；点缀色作为最后协调色彩关系是必不可少的，其巧妙穿插使用可以丰富空间的色彩组合层次。如果机械地理解和处理，必然千篇一律，单调乏味。换言之，在进行室内配色设计时，要有明确的图底关系、层次关系和视觉中心，三个部分的色彩搭配协调中有变化，统一中有对比，这样才不刻板、僵化，才能达到丰富又统一的视觉效果（图2-3-19）。

图2-3-17 顶面、墙面色彩统一

图2-3-18 顶棚、地面、墙面色彩统一

图2-3-19 突出背景色

3.2.2 室内色彩搭配方法

室内色彩很大程度上是由软装饰设计决定的，一般应进行总体把握，首先从室内功能、使用者的感情倾向、整体风格等入手，确定室内主体色；再考虑主体色与背景色的协调、与点缀色之间的对比，从而形成一个完整的色彩体系。通常，三者的配色步骤是由最大面积开始，由大到小依次着手确定。

室内空间软装饰设计的配色方法很多，下面就介绍几种常见的配色方法。

（1）调子配色法

色调不是指颜色的性质，而是对一个空间中的整体颜色的概括评价，是指某一空间色彩外观的基本倾向。在明度、纯度、色相这三个要素中，某种因素起主导作用，我们就称为某种色调。软装饰设计中，不管何种配色方案都要遵循和谐、统一的原则。如选用某一色彩作为整个房间的基色调，其他物体的色彩要与之形成一致的倾向，可在色相、明度或纯度上进行变化。

室内空间的冷暖感、性格、气氛等都可以通过主色调来体现。对于规模较大的建筑，主色调更应贯穿整个建筑空间，在此基础上再考虑局部的变化。主色调的选择是一个决定性的步骤，需要空间的主题定位，即希望通过色彩达到怎样的感受，是典雅还是华丽，安静还是活跃，纯朴还是奢华等。如北京香山饭店为了表达如江南民居般的朴素、雅静的意境，在色彩上采用了接近无彩色黑白灰色系，不论墙面、顶棚、地面还是家具陈设，都贯彻了这个色彩主调，从而给人统一完整、有强烈感染力的印象。主色调一经确定为无彩系，设计者就不再考虑五彩缤纷的色彩，将黑、白、灰色创造性地应用到织物、用品、家具上去，形成室内空间系统完整的色彩感觉。

① 浅色调。浅色调是以比较明亮的色彩为主形成的色调，是十分雅致的调子。使用浅色调的空间，可以创造洁净、温和的氛围，仿佛使人的身心得到净化。在浅色调的空间中，并不是所有的色彩都要是浅色的，可以使用浅色调为背景色，主体色取同色相，然后在局部增加低明度的点缀色来达到装饰的效果，

丰富空间层次（图2-3-20）。

　　② 深色调。深色调是以较为灰暗的色彩为主形成的色调，在室内还可利用光来塑造空间效果，达到神秘、沉重、压抑、炫酷的效果。但并不是所有的色彩都是那么低沉的，可利用明快的、艳丽的点缀色形成对比关系，加强空间的神秘效果。一般深色调和光线设计是紧密结合的，深色的环境更加突出光线的明亮，光成为极好的视线引导和装饰元素（图2-3-21）。

　　③ 冷色调。冷色调是指以蓝色、绿色、紫色为主形成的色调，给人带来寒冷、清爽、空旷之感，让人联想到寒冷的冬天、凉爽的大海等。冷色容易使人理性，因此冷色调一般应用在需要使人安静、沉思的场所。

　　④ 暖色调。暖色调是指以红色、橙色、黄色为主形成的色调。暖色给人的感觉是热烈的、欢快的、喜悦的，令人联想到温暖的太阳、炽热的火焰而感到无限的温暖，所以暖色调往往应用在需要令人感受喜悦、冲动、欢乐、热情的场所。

　　⑤ 无彩色调。无彩色调是指利用黑、白、灰搭配的空间色彩氛围。无彩色调所形成的空间氛围比较理性，属于非常规的效果，往往是追求个性的群体喜欢用的色调。这类空间中并不是没有其他的色彩，而是为了更加突出这种彩色而选择的无彩色调（图2-3-22）。无彩色比较朴素，因此要适当提高明度对比，否则容易趋于平淡乃至单调。

　　（2）对比配色法

　　对比配色法是突出两种或两种以上的色彩在色相、明度或纯度方面的对比效果的配色方案，一般分为明度对比、纯度对比、冷暖对比、补色对比。

　　① 明度对比。明度对比利用同色系中距离相距较远的色彩对比形成级差效果，体现空间单纯、宁静的氛围。明度对比的极端效果就是黑白配，一般都会是以白色作为空间的背景色，黑色作为主体色或是点缀色出现。因为白色背景在灯光照射下受到灯光照射角度、投影面大小等因素影响，会产生不同的灰色，能够丰富空间层次和效果。明度对比并不仅是同一种色相中的变化（图2-3-23），也有两种或两种以上的彩色在明度上的对比效果。

　　② 纯度对比。纯度对比指色彩之间的饱和度对比，

图2-3-20　浅色调空间

图2-3-21　深色调空间

图2-3-22　无彩色调空间

图2-3-23 同色的明度对比

图2-3-24 同色的纯度对比

图2-3-25 互补色对比

图2-3-26 布艺之间色彩的呼应

这种对比可以是在相同色相中不同饱和度色彩间，即在同一色彩中加入其他颜色，从而形成色彩饱和度差的一种对比关系（图2-3-24）；也可以是纯度较高的色彩与黑、白、灰无彩色之间的对比；还可以是一种纯度较高的色彩与其他低纯度色之间的对比。无论何种对比关系，都需要掌握纯色的面积比例。在允许人长时间停留的地方颜色应该低纯度、面积大，或高纯度、面积小；在不适宜人长时间逗留的区域，则可利用增加高纯度色彩面积的方法，使人产生视觉疲劳感而快速离开。

③ 冷暖对比。冷暖对比主要是指利用色彩带给人的不同心理感受来满足人们对空间的使用需求。我们可以利用这两种感觉的矛盾性进行家居软装饰色彩的选择和配搭，塑造有魅力的空间个性。

④ 互补色对比。互补色对比是色环中呈180°的几组色彩，可产生比其他对比更强烈、更丰富的效果。在补色关系中有三对是最基本的补色关系：红与绿、橙与蓝、黄与紫（图2-3-25）。

采用对比方法配置空间色彩时，需要注意各种色彩之间的节奏和呼应，才能实现对比中的统一，以免显得过于繁杂。

① 色彩的重复或呼应。即将同一色彩用到室内关键的几个部位上去，从而使其成为控制整个空间的关键色。例如将相同色彩同时应用于家具、窗帘、地毯，使其他色彩居于次要的、不明显的地位，使得室内各构成元素间在色彩上取得彼此呼应的关系，形成一个多样统一的整体，取

图2-3-27 空间与饰品色彩的呼应

图2-3-28 色彩的图底互换

得视觉上的联系（图2-3-26、图2-3-27）。

或是用墙面的背景色衬托出家具的主体色，而家具的主体色又衬托出与背景色同色系的点缀色，这种色彩上图底的互换性，既是简化色彩的手段，也是活跃图底色彩关系的一种方法（图2-3-28）。

② 色彩做有节奏的布置。同一色彩在空间按照一定规律布置，容易引起视觉上的运动，形成色彩的韵律感。根据物体在空间中的位置关系，按照相同或是渐变距离规律排布同一色彩，在一组沙发、一块地毯、一个靠垫、一幅画或一簇花上都有相同的色块，就会使这种色彩在室内形成一种有规律的节奏感并引起视觉上的运动，使室内空间物与物之间的关系显得更有内聚力。墙上的组画、椅子的坐垫、靠枕、插画、块毯等软装饰配饰均可作为布置色彩节奏的媒介（图2-3-29）。

图2-3-29 色彩的节奏感

（3）风格配色法

室内风格配色就是根据室内设计的规律，通过界面、家具、布艺、工艺品等的造型设计、色彩组合、材质选择和空间布局，形成不同设计风格、特征鲜明的色彩特点，并以其作为配色原则。风格配色法需要了解某些风格约定俗成的配色规律，利用这些规律配置室内的色彩，使人联想到此种风格的氛围，达到塑造空间的目的。如简约风格为营造时尚、前卫、科技感，色彩上常使用一些纯净素雅的浅色调进行搭配（图2-3-30）。中式风格强调稳重

图2-3-30 现代简约风格配色

图2-3-31　中式古典风格配色

恢弘感，造型及色彩讲究对比感，材料以木材为主，因此主色调以采用木色为主，局部点缀黑色、红色、金色，空间色彩氛围浓重而成熟（图2-3-31）。风格配色法以人们对某种风格的既有色彩认知为基础，是一种比较稳健的配色方法。

思考与练习

1. 软装饰配饰设计的手法有哪些？请举例说明每种设计手法的特点。

2. 寻找自己身边的软装饰设计案例，指出运用了哪些设计手法，并分析其优缺点。

3. 结合自己的兴趣，对某一空间进行软装饰配置练习，要求至少提供设计概念方案一份、方案设计图一份、软装饰饰品采买图表一份。

4. 软装饰色彩由哪些组成？它们之间的关系是怎样的？

5. 调配空间色彩的基本方法有哪些？每种方法需注意的要点是什么？

第三章　室内家具及其布置

第一节　家具与装饰风格的关系

家具即家用器具。广义而言，家具是指供人们从事生产、生活必不可少的器具；狭义的家具指在生活、工作或社会交往活动中供人们坐、卧、躺，或支承与贮存物品的一类器具与设备。本书探讨的是狭义家具。

1.1　家具的分类

由于现代家具的材料、结构、使用场合、使用功能的日益多样化，导致了现代家具类型的多样化，很难用一种方法将现代家具分类。在这里仅从常见的使用和设计角度对现代家具进行分类。

1.1.1　按使用功能分

根据家具与人体的关系和使用特点，可分为如下几种。

（1）坐卧类家具

坐卧类家具亦称坐具，指椅子、沙发、床等直接与身体接触，支撑整个人体的家具，其中椅凳的演变与建筑和技术的发展同步，并且反映了社会需求与生活方式的变化，可以说是浓缩了家具设计的历史。

（2）凭倚类家具

凭倚类家具亦称桌、台系家具，是种既放置物品又可在上面工作的家具，如餐桌、会议桌、接待桌、化妆台等，与人们的生活方式直接发生关系，在尺度、造型上必须与坐卧类家具配套设计，可分为桌与几两类。桌类家具较高、几类家具较矮。

（3）贮藏类家具

贮藏类家具可以贮藏物品和分隔房间，如柜、橱、书架、箱、鞋柜等，贮藏家具虽然不与人体发生直接关系，但在设计上必须符合人体尺寸要求，使用上可分为橱柜类和屏架类。

（4）装饰类家具

纯装饰用家具如博古架、花架等。

1.1.2　按空间类型分

根据不同建筑空间类型，家具可分为住宅家具和公共空间家具两类。住宅家具是最常见、类型最多、式样最丰富的家具，具体可分为客厅、门厅、书房与工作室、卧室、餐厨、浴室家具等。公共空间家具专业性强、类型较少、数量较大，主要有办公家具、酒店家具、商业展示家具、学校家具等。

1.1.3 按制作材料分

（1）木质家具

无论在视觉上和触觉上，木材都是多数材料无法超越的。木质材料天然无污染，而木纹独特美丽的纹理也受到人们的欢迎，且木材易于加工，所以，木材一直为古今中外家具设计与创造的首选材料。即便是在现代家具日益趋向复合材料的今天，木材仍然在现代家具中扮演重要的角色。

（2）金属家具

金属家具以其适应大工业标准批量化生产、可塑性强和坚固耐用、光洁度高的特有魅力，迎合了现代生活求"新"求"变"和生产厂家求"简"求"实"的潮流，成为推广最快的现代家具之一。越来越多的家具采用金属构造的部件和零件，再结合木材、塑料、玻璃等组合成灵巧优美、坚固耐用、便于拆装、安全防火的现代家具。

（3）塑料家具

塑料是对20世纪的家具设计和造型影响最大的材料，塑料也是目前唯一可回收利用和再生的生态材料。塑料家具具有整体自成一体，造型前卫、色彩丰富以及防水防锈的特点。塑料家具还可以制成家具部件与金属、玻璃等配合组装成家具。

（4）软体家具

软体家具是指以弹簧、软性填充料或是充气材料制成的，具有柔软舒适性能的家具，主要应用在人体家具上以增加其舒适度，是一种应用很广的普及型家具。

（5）玻璃家具

玻璃是一种晶莹剔透的人造材料，具有平滑光洁透明的独特美感，现代家具的发展趋势之一就是多种材质的组合，玻璃在其中起了主导性作用。例如可以把木材、铝合金、不锈钢与玻璃相结合，大大增强了家具的材质表现力和欣赏价值。

（6）石材家具

石材是自然材料，具有浑然天成的色彩和肌理感，给人的感觉高档、厚实、粗犷、自然、耐久，适合在户外，用于室内则可增添室内质朴的自然气息。

其他材料家具如纸质家具、陶瓷家具等，不断丰富着家具的类型，为设计师提供了更多的表现素材。

1.2 家具与装饰风格的关系

家具是室内软装饰配饰中的主体，在家居软装饰设计中，家具的意义首先在于其实用性，它是在室内与人的各种活动关系最密切的器具；其次是装饰性，家具是体现空间气氛和艺术效果的主要载体，每一种装饰风格必然有与之相匹配的家具，而家具的造型语言又成为此种室内设计风格的有力表述形式。在选配家具时，除了从人体工程学、空间尺度考虑其舒适性与比例感外，还需要从造型、材质、色彩等方面与空间风格相协调，换言之，家具选配应服从于室内整体风格定位。从家居软装饰配置角度而言，更为关注家具的审美功能，可从以下方面出发，根据室内风格有选择地配置家具。

1.2.1　家具的尺度与比例

　　家具的尺度是指家具整体绝对尺度在室内环境衬托之下所获得的一种大小印象。而比例则是家具整体与局部、局部与局部之间的尺度对比关系，它非绝对尺寸而是家具各部分尺寸间的相对关系。通过家具的尺度与比例，可以传达给空间使用者一种心理感受，例如大尺度的家具会产生气派、豪华之感，古典欧式家具多采用较大尺度；小尺度家具则传达紧凑温馨的信息，现代风格家具常用。家具比例得当会产生视觉美感，比例失调让人感觉诡诞、夸张，如后现代风格常利用失常的比例营造超现实的感觉。另外，家具的尺度与比例应与空间尺度相匹配，小空间家具尺度不宜大，否则易产生压抑、沉闷之感，而大空间家具尺度也应加大，以削弱大空间带给人的空旷之感。

1.2.2　家具的造型选择

　　家具的造型是指用各种不同形体、大小或方圆等形态所组合成的家具形象效果，家具的造型对于室内整体风格的形成有重要作用，如圆形、曲线形家具使室内空间灵动；造型奇特的前卫风格的家具使室内空间简洁、时尚，现代感强；造型低矮并且体量大的家具使空间散发休闲、幽雅之情；而象征、拟物造型家具则使空间更有趣味性，引发使用者的童心与轻松感。

　　在选择家具时，一般会受到室内空间风格的制约。如果室内的风格非常鲜明，则家具尽量采取统一的方式；若室内风格特色不明显，家具的选择就要有较大弹性，可顺势而为，也可通过家具造型强化空间风格。可见，家具造型确定和室内风格是相互联系的，应以室内整体风格为导向，正确、灵活地选择家具的造型（图3-1-1、图3-1-2）。

图3-1-1　造型奇特的家具

图3-1-2　具有组合感的家具造型

1.2.3　家具的质感与色彩

　　家具的质感与色彩是通过材料传达出来的。质感是指材料表面质地的感觉（触觉与视觉），包括材料本身所具有的天然质感和材料经加工处理后所显示的质感。由于家具在空间的主体作用，家具的色彩和质地对室内的氛围营造起到重要的作用。鲜艳的纯色及软织物质感好，色彩丰富、装饰性强，使空间极富情趣，给人以轻巧柔美之感；天然材料的本色和质地使室内具有柔美温馨气质，充分展现自由、自然的风情，给人以亲切、温柔、高雅的感受；冷峻简洁的玻璃、塑料等人造材质则使空间更加灵动多变，精致时尚，极具现代感。

　　软装饰设计中，家具色彩与质感要与空间的色彩、质感结合起来，不能孤立地考虑，注意它们之间的统一与变化。空间的色彩、质感是家具的背景，可采用调和手法强调和谐统一、幽静宁静，或采用对比手法展现活跃而有生气的氛围，也可用材质相同、色系不同的材料表现统一又有变化的特色。总之，家具的色彩与质地必须结合室内环境及整体考虑（图3-1-3、图3-1-4）。

　　软装饰设计中也常利用家具的色彩来扩大或缩小人们的视觉空间感，如选用浅色家具使房间开阔宽敞，选用深色家具得到收缩空间之感。从视觉上来，家具宜用知觉度较弱的色彩，同一件或同一套家具，色彩数量以少为宜，因为家具色彩与人有频繁的接触，如果色彩太复杂，势必给人的视觉带来一定的压力，让人产生疲劳感。

图3-1-3　家具色彩的统一与变化

图3-1-4　皮质家具与木质墙面交相辉映

图3-1-5　家具涂饰工艺

图3-1-6　家具表面雕刻工艺

1.2.4　家具的装饰

家具的装饰包括表面装饰、立体化装饰和局部点缀装饰等，表现手法主要有贴面、涂饰（图3-1-5）、印刷、雕刻（图3-1-6）、镶嵌、压花、烙花、线型、装饰件装饰等。不同风格的家具有不同的装饰语言，如欧式古典家具常用金银箔贴面、繁复的线脚、木作雕花；中式风格家具则善用木作雕刻，铜质五金件；田园风格家具多选用优雅的线型并辅以手绘图案；地中海风格家具多选用油漆做旧铁艺构件装饰等，这些特有装饰元素是凸显某种家具风格的点睛之笔，作为设计师要了然于胸，熟练运用，但也不可堆砌元素，设计中根据具体情况点到为止即可。

第二节　室内功能空间家具布置方式

2.1　家具的布置形式

家具的布置是实现室内空间二次组织的重要手段，其布置的原则是便于使用，能最有效地利用空间和改善空间，留有足够活动空间，并使空间内采光、通道和观景呈现最佳状态。若空间较大，家具布置可灵活多变，造型自由一些；若空间较小，则家具布置应紧凑有序；对于一些异形空间，家具布置要顺应空间的形态而与之相协调。家具布置通常有以下四种形式。

（1）面对式

家具呈对面方式摆放，此摆放方式能营造自然而亲切的交流气氛，沟通顺畅，还能产生对景效果，布局稳定均衡（图3-2-1）。

（2）周边式

把家具摆放在室内四周位置，中间留有较大的空间，可用于举行其他活动，此种布局方式便于组织交通，行动方便（图3-2-2）。

图3-2-1 面对式布置

图3-2-2 周边式布置

图3-2-3 中心式布置

图3-2-4 过道式布置

（3）中心式

将家具放到空间中心部位，留出四周空间，突显家具的主体地位，布局主次更加分明（图3-2-3）。

（4）过道式

留出走道的位置，可将家具摆放在室内两侧，起到划分空间的作用（图3-2-4）。

2.2 不同功能空间的家具布置

在居住建筑中，空间使用功能不同，家具布置方式不尽相同，在设计中，要结合功能、建筑结构统筹考虑。如客厅、厨房等空间要求便于走动和举行活动，可采用周边式布局形式；而餐厅和卧室需显示主体家具的重要性和独立性，可采用中心式布局形式。

2.2.1 门厅和起居室的家具布置

从功能而言，住宅需要有一个由户外进入户内后的过渡空间——门厅，主要功能为雨天存放雨具、脱挂外用物品的空间。小面积住宅常利用进门处的通道或起居室入口处一角作适度安排，一些面积较宽敞的居住建筑常于入口处设置单独的门厅，这一空间内通常于一侧设置鞋柜、挂衣架或衣橱、储物柜等（图3-2-5、图3-2-6）。

起居室是集家人团聚、起居、休息、会客、娱乐、视听活动等多种功能的居室，根据家庭的面积标准，有时兼有用餐、工作、学习，甚至局部设置兼具坐卧功能的家具等，是居住建筑中使用活动最为集中、使用频率最高的核心室内空间。起居室的基本家具为一组配置茶几和低位座椅的沙发组合（图3-2-7、图3-2-8）。

图3-2-5 门厅基本家具——鞋柜

图3-2-6 功能完备的门厅家具

图3-2-7 起居室家具布置

图3-2-8 具有围合感的起居室家具布置

图3-2-9　走道式起居室家具布置

图3-2-10　灵活的起居室家具布置

起居室还需考虑连接入口和各个房间之间的交通面积，尽可能使视听、休闲活动区不被穿通。为使布局紧凑、疏密有致，通常沿墙一侧可设置低柜或多功能组合柜，标准较高的起居室可配置成套室内家具，其设置的位置也有较大余地（图3-2-9、图3-2-10）。

2.2.2　卧室的家具布置

卧室是住宅居室中最具私密性的房间，卧室应位于住宅平面布局的尽端，以不被穿通。室内设计应营造一个恬静、温馨的睡眠空间。

住宅中若有两个或两个以上卧室时，通常一间为主卧室，其余为老人或儿童卧室。卧室家具常设置双人床、床头柜、衣橱、休息座椅等必备家具（图3-2-11）。视卧室平面面积的大小和房主使用要求，还可设置梳妆台、工作台等家具。有的住宅卧室外侧通向阳台，使卧室有一个与室外环境交流的场所。现代住宅趋向于相对地缩小卧室面积，以扩大起居室面积，卧室室内的家具也不宜过多。如面积得当，床通常居中放置，突出其重要性；如卧室面积较小，床仍应尽可能靠墙做四周布置，以充分利用空间。如图3-2-12所示，利用地台的高度进行的软装饰布置不显突兀，周边布置感强烈。如图3-2-13所示，结合空间结构布置，因势利导。

图3-2-11　利用帷幔突出床的中心效果

图3-2-12　利用地台布置

2.2.3 书房家具布置

书房的功能主要有阅读、书写、上网、密谈等，若家庭面积较小，书房还需承担客房的功能。与此相配套，书房的基本家具为书柜、书桌椅，需承担客房功能的书房可配折叠沙发，白天为坐具，晚上则为卧具，从而成为灵活机动家具。

书房的功能决定了其空间性质要安静，以创造一个思考、放空身心的场所，因此，书房应位于住宅平面布局的尽端。其家具摆放视空间形状和大小可呈居中布置、依墙布置、倾斜式布置等不同形式（图3-2-14、图3-2-15）。书桌椅居中布置适合大面积书房，在桌椅四周形成通道，书柜设于书桌后部形成背景，能突出书桌的中心位置，形式感较强，可选择造型感较强的家具（图3-2-16）；若面积较小则可选择书桌椅依墙布置，书房中间形成活动空间，从而形成紧凑型布局，此时书桌与书柜可以做统一化设计（图3-2-17）。

2.2.4 餐厅家具布置

餐厅在居室中承担日常进餐和宴请宾客的功能，其位置一般靠近厨房。餐厅可以是单独的房间，也可从起居室中以轻质隔断或家具分隔成相对独立的用餐空间，如图

图3-2-13 结合结构布置

图3-2-14 书桌居中布置，稳重大气

图3-2-15 书桌倾斜布置，生动灵活

图3-2-16 书柜设于书桌后部形成背景

图3-2-17 小型书房书桌布置

3-2-18所示，餐桌位于起居室一侧，形成敞开式就餐空间。家庭餐室宜营造亲切、淡雅的用餐氛围，除设置就餐桌椅外，还可设置餐具橱柜。通常就餐桌椅居中布置，并与顶面吊灯、地面铺装作对应布置，四周预留走道，突显家具的主体地位，如图3-2-19所示，餐桌居中布置形成视觉中心。若面积较小，则可将餐桌椅靠墙布置，于一侧形成通道。

由于现代家庭人口构成趋于减少，从节省和充分利用空间出发，在起居室中附设餐桌椅，或在厨房内设小型餐桌，即所谓厨餐合一。厨餐合一时即不必单独设置餐室，当周末节日用餐或亲友来客用餐时，仍可于起居室中设置桌椅用餐。为适应就餐人数多少的变化以及就餐空间大小与氛围的烘托，可设置折叠的餐桌以及灵活移动的隔断，在面积紧凑的现代住宅中具有较佳的适应性（图3-2-20、图3-2-21）。

图3-2-18　餐桌位于起居室一侧

图3-2-19　餐桌居中布置

图3-2-20　餐厅与厨房隔而不断

图3-2-21　厨餐合一式布置

2.2.5　厨房家具布置

　　厨房在住宅的家庭生活中具有非常突出的作用，一日三餐的洗切、烹饪、备餐以及用餐后的洗涤餐具与整理等都在这里进行。厨房家具为成套定制橱柜，设计时应充分考虑设施前后左右的顺序和上下高度的合理配置。厨房内操作的基本顺序为：洗涤——备餐——烹饪，橱柜设计需要注意各环节之间按顺序排列，相互之间的距离恰当，以便于操作时省时、方便。厨房内的家具布置通常有L形、U形、平行式、单线式、中岛式等（图3-2-22至图3-2-25）。

图3-2-22　L形布置

图3-2-23　平行式布置

图3-2-24　U形与中岛式结合

图3-2-25　单线形布置

2.2.6 卫生间家具及设施布置

卫生间是家庭中处理个人卫生的空间，功能有洗浴、如厕、盥洗、洗衣、储藏等。其中洗浴、如厕、盥洗为卫生间三大基本功能，与其对应的卫生设施为浴缸（冲淋房）、马桶、盥洗台，空间许可还可考虑洗浴用品储藏柜、浴室柜、梳妆台等。从使用上而言，卫生间应靠近卧室的位置，且同样具有较高的私密性。多室户或别墅类住宅，常设置两个或两个以上的卫生间，以做公用、私用区分，更显人性化。卫生间的室内环境应整洁，平面布置紧凑合理。

小面积住宅中常把浴厕盥洗功能置于一室，形成兼用型布置方式；面积标准较高的住宅，为使有人洗浴时使用厕所不受影响，也可采用洗浴与盥洗分隔开的干湿分区型布局。如面积许可，还可将卫生间基本功能处理成各自独立布置的独立型布局，使用更加灵活方便。如图3-2-26至图3-2-28所示为浴厕间平面布置示例，图3-2-29至图3-2-31所示为卫生间装饰图。

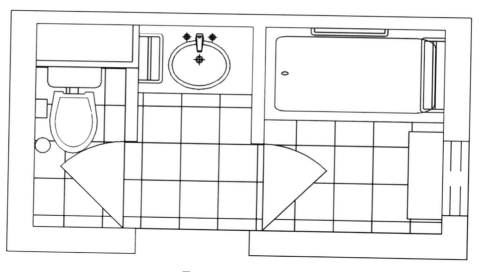

图3-2-26　独立型卫生间

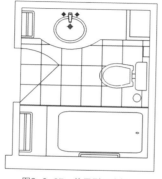

图3-2-27　兼用型卫生间

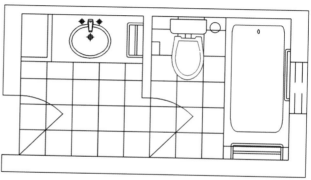

图3-2-28　干湿分区型卫生间

图3-2-29 卫生间家具及设施1

图3-2-30 卫生间家具及设施2

图3-2-31 卫生间家具及设施3

思考与练习

1. 如何理解家具与装饰风格之间的关系？

2. 家具常用的布置方式有哪些，分析其优缺点。

3. 为给定空间（教师提供或学生自选）进行家具配置，装饰风格自定。形成平面布置图，要求做到功能完备、动线流畅，风格协调统一。

第四章　软装饰布艺设计

第一节　软装饰布艺概述

　　布艺，即布上艺术，自古就是中国民间工艺中的一种表现形式，主要用于服装、鞋帽、床帐、挂包、背包和其他小件的装饰，如头巾、香袋、扇带、荷包、手帕等，是以布为原料，集民间剪纸、刺绣等制作工艺为一体的综合艺术。现代布艺更多是指以布为主料，经过艺术加工，达到一定的艺术效果，满足人们生活需求的制品。

　　在软装饰材料中，最容易出效果的就是布艺。布艺以其风格多样、样式丰富、美观实用，便于清洗和更换，装饰效果突出的特点越来越受到人们的青睐（图4-1-1至图4-1-3）。布艺作为软装饰的主力军，在家居中独具魅力，它柔化了室内空间生硬的线条，赋予居室各种格调，或清新自然，或典雅华丽，或情调浪漫。从功能上来说，布艺除了装饰作用外，还具有划分空间、提高私密性、融合人与空间的关系等作用。

1.1　软装饰布艺的优势

　　无论从生理还是心理上，人天生喜欢接触温暖、柔软的物体，布艺的材料特性使人本能地想去接触，并给人带来一种亲切和温馨的触感。在室内设计中，运用纤维材料的各种布艺以不同造型手段将其融入室内空间中，能使空间增添柔和、融洽的感

图4-1-1　布艺桌品细节

图4-1-2　布艺床品

图4-1-3　布艺窗帘及靠垫

觉，而用布塑造出的各种肌理、曲线、曲面更给空间本身带来无穷的韵味。在软装饰中，布艺的优势主要体现在以下两点。

（1）满足使用者对家庭的依赖心理

大多数人都对家有着非常强的依赖感，调查表明，80%的人对家庭装饰的第一要求都是温馨。在众多的软装饰材料中，传统使用材料——布首先就在心理上给人们一种温暖的感受，布的柔韧性也给人一种温馨的、可以依赖的亲肤感。因此，在室内设计软装饰中，布艺在心理上首先就占据了营造温馨家居的主动权。

（2）布艺材料的造型优势

布艺材料造型方法简单，布的柔韧性为我们造型提供了便利，只需要作简单的骨架就能作出多变的造型。另外，布艺材料的可变性强，可作百变的搭配，由于其材料经济实惠，业主可在不同时间、不同心情条件下随意地更换布艺样式及花纹。其他软装饰材料中也有加入布艺，如现在的灯具市场中有很多使用布艺材料做灯罩的灯具，不同花色的布艺材料，根据不同的内部钢丝骨架编织的衬托，塑造不同的灯具样式，成为两种软装饰材料的有机结合体，带来不同的视觉感受。

1.2　软装饰布艺设计的分类

布艺是室内软装饰中用得最多的一种元素，从窗帘、纱、幔、床上用品、布艺沙发到地毯、壁挂和各房间的家具蒙面皆可包罗其中。布艺的分类方法很多，如按使用功能分类、按使用空间分类、按设计特色分类或按加工工艺分类等。不管用何种材料和工艺制作的布艺，最重要的是用在什么地方、作什么用。

1.2.1　按使用空间分

（1）卧室布艺

卧室布艺包括床单、被罩、枕套、床幔、床搭、靠枕等。床上布艺一定要选择触感柔软、质地比较好的布料，才能有益于身体健康，也容易营造睡眠气氛。除了材质选取应特别讲究外，色调、花型的选择上也应下功夫，如深色调的家具宜选用墨绿、深蓝等色彩的布艺，浅色调的家具则宜选用淡粉、粉绿等雅致的碎花布料（图4-1-4、图4-1-5）。

图4-1-4　床品布艺1

图4-1-5　床品布艺2

图4-1-6　美式风格餐椅套与窗帘

（2）餐厅类

餐厅类布艺指用于餐厅的系列产品，包括桌布、餐垫、餐巾、杯垫、餐椅套、餐椅坐垫、桌椅脚套等。这一类的布艺可以根据家居的风格与特色、餐桌的质地与色彩以及使用者的喜好等来进行选择与搭配（图4-1-6、图4-1-7）。如传统图案的色彩虽然丰富，很有热闹的气氛，但是若与装饰风格有所冲突，就会显得餐桌很凌乱。

（3）厨房类

厨房类布艺主要是用于厨房的系列产品，包括围裙、袖套、厨帽、隔热手套、隔热垫、微波炉套、厨用窗帘、擦手巾等（图4-1-8、图4-1-9）。装饰的布艺厨房一般选择结实、易洗的面料。

（4）卫生间类

用于卫生间的系列产品包括卫生坐垫、卫生地垫、卫生卷纸套、毛巾、小方巾、浴巾、地巾、浴袍、浴帘等（图4-1-10至图4-1-12）。

图4-1-7　现代风格餐布与靠垫

图4-1-8　厨房系列布艺

图4-1-9　花色丰富的厨房布艺

图4-1-10　卫生间布系列化布艺

图4-1-11　卫生间布艺与墙面色彩协调

图4-1-12　卫生间系列布艺墙面色彩协调

图4-1-13　罗马帘

图4-1-14　百叶帘

图4-1-15　平开帘

图4-1-16　卷帘

1.2.2　按使用功能分

（1）窗帘类

窗帘具有遮蔽日光、隔声、调节温度等作用，软装饰中可以按照不同的施工功能进行选配，如采光不好的空间可用轻质、透明的纱帘，以增强室内光感；光线照射强烈的空间可用厚实、不透明的绒布窗帘，以减弱室内光照。如果客厅是以古典实木家具为主，宜选用提花布相配，显得比较大气稳重；客厅里为颜色跳跃的家具的，最好选用真丝、金属光泽的布艺窗帘来延续空间的现代感。窗帘的形式多样，如平开帘、罗马帘、卷帘、纱帘等（图4-1-13至图4-1-16）。

（2）垫子类

垫子类是指用于各区域的各类坐垫及地垫（毯），如图4-1-17。作为铺设类布艺制品的一种，地垫（毯）广泛用于家居软装饰，不仅视觉效果好、艺术美感强，还可用来吸收噪声，创造安宁的室内气氛（图4-1-18、图4-1-19）。如一般实木或大理石面的茶几下可任意选用边框形设计的块毯，透明的茶几下建议选用中间有图案的块毯；卧室的床前、床边均可铺放各种规格的地毯，也可在床脚压放较大规格的地毯，活动量低的睡房可以选用绒毛较高、柔软的地毯；餐桌下的块毯不要小于餐桌的面积等。

图4-1-17　沙发坐垫

图4-1-18　具象图案块毯

图4-1-19　抽象图案块毯

图4-1-20　布艺沙发

图4-1-21　中式布艺靠枕

图4-1-22　靠枕与家具对比

（3）坐靠类

坐靠类是指布艺沙发及其靠枕等。布艺沙发主要是指主料是布的沙发，经过艺术加工达到一定的艺术效果，能满足人们的生活需求。布艺沙发在设计上要符合人体工程学原理，整体结构要牢固，坐时感觉平稳，有舒适感（图4-1-20）。布艺沙发的装饰性强，一般来说，印花图案的面料单薄、工艺简单，花纹等图案属于机织上去的，较为厚实。靠枕是沙发和床的附件，可以调节人的坐、卧、靠姿势。如明清风格的家具可以用古典风格的靠垫来搭配，使居室风格协调统一，采用绸、缎、丝、麻等材料，表面刺绣或印花图案（图4-1-21）。中式家具还可以选用印花棉布作为面料，用反差极大的单色布条做靠垫的绲边，在醒目中起到装饰的作用。靠垫也可以突出装饰作用，当室内总色调比较简洁单一时，通过高纯度的鲜艳色彩的靠垫来活跃气氛，借助靠垫色彩与周围环境的对比，能使家居软装饰的个性效果更加丰富（图4-1-22）。靠垫的形状可随意设计，多为方形、圆形和椭圆形，还可以将靠垫做成动物、人物、水果及其他有趣的形式。随着靠垫摆放的位置不同，色调也该有所差别，如卧室中的靠垫最好以暖色为主，同时兼顾与床品、窗帘的协调（图4-1-23）；客厅的靠垫应该是色彩明快，使整个空间氛围轻松；儿童房的靠垫采用卡通印花布，从而增添童趣的意味。

图4-1-23 靠枕与窗帘呼应

图4-1-24 布艺收纳袋

图4-1-25 形式感强的壁挂织物

图4-1-26 布艺收纳篮

（4）壁挂与陈列类

壁挂式布艺软装饰有信插、收纳袋（图4-1-24）、门帘和壁挂织物等，而壁挂织物又包括挂毯、织物屏风和编结挂件等（图4-1-25）。陈列式布艺有各种布艺篮（图4-1-26）、布艺相框、布艺灯罩、各种筒套等。壁挂与陈列类的装饰性强，能丰富视觉效果，美化空间环境，可以调节室内气氛，增添情趣，提高空间环境的品位与格调。

1.2.3 按装饰风格分

布艺风格因其在不同国家与地区的演变与发展，从而形成各自的特色，主要有以下几种不同的设计风格。

（1）东南亚风格

在传统的东南亚布艺设计中，通常会大量运用芥末黄、橙色、苹果绿等亮色，艳丽的色彩带有一种浓烈的热带风情（图4-1-27），使用华丽的锦缎、具有热带风情的麻丝等制作的细腻柔滑、繁复精巧的布艺搭配鲜艳的色彩，展现在人们眼前的犹如一幅幅优美的画卷。

（2）美式风格

美式风格非常重视生活的舒适性，注重突显乡村的朴实风味，布艺是美式风格中非

图4-1-27　东南亚风格桌布

常重要的运用元素。本色的棉麻材料是美式布艺的主流，运用各种繁复的花卉植物、靓丽的异域风情和鲜活的鸟虫鱼图案，将天然布艺的质感与乡村风格很好地诠释出来，带给人舒适与惬意之感（图4-1-28、图4-1-29）。美式风格色彩运用大胆豪放，追求强烈的反差效果，或浓重艳丽，或黑白对比，在保证功能的同时也保证使用者的舒适个性和独特的个性。

（3）英式风格

英式风格布艺的主调是柔美、优雅，图案以纷繁的花卉（图4-1-30）、条纹、苏格兰格为主，布面色泽秀丽，仿佛置身于一个英国乡村花园。英式布艺很注重品质，对面料的质量要求较高，同时注重布艺的配色与硬装色彩的呼应关系，常使用一些装饰性花边，以营造立体而多变的效果（图4-1-31）。

图4-1-28　具有手工编织感的沙发搭巾及块毯

图4-1-29　美式风格布艺强调舒适随意感

图4-1-30　英式碎花图案布艺

图4-1-31　英式布艺装饰

图4-1-32　传统中式青花瓷图案布艺

图4-1-33　中式窗帘

图4-1-34　花纹靠枕

（4）中式风格

中式风格布艺讲究对称、方圆，典雅中正，因此布艺设计比较简单，多运用一些拼接的方法进行剪裁，选用突显浓郁中国风的图案（图4-1-32），以米色、深色为主色调，还可以运用金色、红色、黄色等作为陪衬，华贵而大气。中式的布艺式样不宜太夸张，要在小巧中凸显精致的设计，凸显一种平稳雅致的感觉。如图4-1-33所示，现代中式窗帘通过对称手法体现传统意蕴。

（5）古典欧式风格

古典欧式风格布艺强调以华丽的装饰、浓烈的色彩、精美的造型达到雍容华贵的装饰效果，多用塔夫绸、雪尼儿绒、金貂绒、天鹅绒等具有厚重感的布料，图案多包含各种字母、涡旋型曲线、卷草纹及古典传统纹样等（图4-1-34）。古典欧式风格的布艺非常注重细节的设计，会采用装饰性强的帘幔、垂花饰、流苏边、蕾丝边等，通过细节给人以强烈的古典风格化的视觉冲击，带出高贵及奢华的感觉（图4-1-35）。

图4-1-35　造型繁复华丽的布艺

图4-1-36 线性图案布艺

图4-1-37 搭配协调的卧室布艺装饰

（6）简约风格

简约、时尚的风格强调简洁、质朴、单纯的布艺设计，顺应都市生活方式由外在向内涵的转变，尽量减少繁琐的装饰。简约的布艺装饰广泛运用点、线、面等抽象设计元素（图4-1-36），线条造型也更为流畅和大气，色彩以黑、白、灰为主调，体现简单、时尚、轻松、随意的感觉（图4-1-37）。在布艺装饰上避免厚重、压抑的感觉，摒弃了过于复杂的肌理和装饰，力求营造轻盈、淡定、收放自如的感觉，如多层布艺装饰可以通过材质的对比找到一种平衡。利用简单、柔和的色彩和造型把物与人的自然亲和之感体现到极致。

第二节　软装饰布艺搭配技巧与表现

2.1　布艺选择与搭配的要点

随着人们生活水平的提高，单纯的功能性空间已满足不了人们的精神追求，要营造温馨舒适的空间，布艺是家居软装饰中最重要的元素之一。布艺的选择、搭配要与整体环境相协调，充分体现出布艺制品的柔软质感、提高舒适度，要充分利用布艺制品的质感对室内硬质装饰材料的软化形成对比效果。在选择软装饰布艺时，应以室内整体空间和家具样式为基调，与室内装饰格调相统一，主要体现在色彩、质地、图案的选择上。

2.1.1 布艺的材质

不同质地和纹理的布艺可以给人们带来不同的触觉感受和心理体验，例如具有闪光质地的面料如丝绸和丝光织物等，反射阳光的性能好，可以使空间显得更加开阔，同时给人以冷感，而金银丝面料可以造成"金属效应"，给人一种华丽的感觉（图4-2-1、图4-2-2）；质地毛糙、蓬松的面料如丝绒、羊毛等，吸收光线的性能比较强，可以彰显空间宁静、轻松的气氛。

2.1.2 布艺的色彩

色彩也是布艺软装饰形象体的视觉载体之一。统一、协调的布艺色彩可以起到改变或创造空间特有格调的作用，能给人们带来视觉上的享受和感官上的冷暖体验，如棕色、深红、暗黄等经典中式色彩属于各种名贵木材颜色，这一类的颜色给人一种平心静气、典雅高贵的感觉（图4-2-3）。

2.1.3 布艺的图案

图案是布艺的另一种载体，醒目的图案能瞬间抓住人的视线，使人记忆深刻。恰当运用图案设计也可以从视觉上产生缩小空间的错觉，创造出亲近、和谐的气氛，而精致的小型图案可以使人感觉小空间变宽敞，气氛宁静、轻松等。用色彩强烈的竖式条纹图案可以使空间的纵向得到提升，采用直线图案或是铺排式的图案则会使水平方向的视觉更加开阔（图4-2-4）。

图4-2-1 具有金属感的布艺沙发

图4-2-2 具有金属感的布艺床品

图4-2-3 棕色调的中式卧室

图4-2-4 直线图案拉伸空间

2.2 布艺选择与搭配技巧

进行布艺的选择与搭配时，要结合家具和空间的色彩确定一个主调，使居室整体的色彩、美感协调一致，注重布艺色彩、质感、图案与设计情境的和谐。

2.2.1 布艺选材要与装饰风格协调

用布艺材料来协调并突出居室风格，通常在风格上有如下几个惯例。

① 在中式风格中，为配合实木古典家具营造效果，常选用红色、金黄色等布艺，花纹以中国特有的福纹、寿纹、龙纹等为佳。

② 乡村、田园风格中，布艺则多采用碎花花纹布艺，颜色以粉、橙、绿等具有生机与活力的低浓度色系列为主。

③ 欧美风格注重浓丽的色彩，如金、红、紫等高纯度的颜色，图案也多以玫瑰花纹等为主。

④ 现代派风格中，花纹一般选择以点、线、面为装饰元素的现代文化布艺，如条纹、方格、圆点等，体现出简洁、时尚。

此外，布艺质地的选择要与其所在功能空间相统一，如装饰客厅可以选择华丽、优美的面料，装饰卧室选择流畅、柔和的面料，装饰厨房选择结实、易洗的面料等。

2.2.2 悬挂与铺陈布艺要注意匹配尺度

对于像窗帘、帷幔、壁挂等悬挂布饰，其面积大小、纵横尺寸、款式等，要与居室的空间、立面尺度相匹配，在视觉上也要取得平衡感。如较大的窗户，应以宽出窗洞、长度接近地面或落地的窗帘来装饰；小空间内，要配以图案细小的布料，这样才不会有失平衡。铺陈的布艺如地毯、台布、床罩等，应与室内地面、家具的尺寸相和谐，要维护室内空间的稳定感。铺陈布艺也应与其装饰面相协调，如台布和床罩应与地面的大小和色彩形成对比设计，在对比中取得和谐。

2.2.3 布艺的系列化（整体）设计

布艺所涉及的门类多，在家居布艺的选择上，要注意各种布艺门类之间的协调统一性，如窗帘花色与床上用品花色统一，可采用相近或邻近色，因为相同的颜色会显得没有层次感，不注重统一色彩容易给人以眼花缭乱的感觉。目前，整体家居布艺已经成为一种趋势，出现了系列布艺的生产模式，从单件布艺生产延伸到一个系列。要达到搭配有个性并和谐的系列化效果，需要注意以下几点。

（1）布艺之间的色彩配套

各种布艺材料采用同一色调时，为避免层次较少、视觉单调，在确定了布艺主色调之后，选择一些小面积的饰物，如沙发巾、块毯、靠垫、台布等，通过对比方法增加色彩对比来丰富室内的色调，丰富视觉效果，使空间显得更为生动（图4-2-5）。

（2）布艺之间的图案配套

布艺的图案与壁纸、墙面，特别是各种布艺之间的图案要形成相互呼应。在软装饰设计过程中，可以把同一类型的花形运用到窗帘、台布、床单上，在花形上可以作出重复、大小、深浅等各方面的变化；或是花形相同（图4-2-6），但是可以对色彩进行相应的变化，如窗帘的花形和壁纸的花形相同，则可以通过改变图案的布局和色调来实现合理搭配。

2.2.4　布艺选配也要依据季节

在生活中，家居环境根据时节作适当变化，可令人产生愉悦的感觉，因此我们提倡布艺情景快配。家居布艺软装饰可分两个季节来进行设计，即春夏季节和秋冬季节。春夏季节布艺色以白色或浅色系花布为主要色系，如将沙发套换为灰白色亚麻面料，上面的抱枕以大花色为原料，窗帘设为两层，内为白色纱帘，外为白底小碎花布帘。夏季时，可取下布帘，沙发不变。床上用品可以海蓝和白色为主，营造清爽感（图4-2-7、图4-2-8）。秋冬季节天气转凉，可应景地采用较厚的面料帘作窗帘，在颜色上应用较深颜色，如咖啡色、土红色等，沙发套应用咖啡、深棕色等相应颜色搭配，这样既可以营造温暖的室内效果，又避免冬季清洁带来的不便（图4-2-9、图4-2-10）。

图4-2-5　布艺色彩及与墙面色彩呼应

图4-2-6　布艺图案及与墙面图案呼应

图4-2-7　适合春夏季节的浅色布艺1

图4-2-8　适合春夏季节的浅色布艺2

图4-2-9　适合秋冬季节的深色布艺1　　　　　　　　图4-2-10　适合秋冬季节的深色布艺2

2.3　布艺DIY

布艺DIY是指利用现有资源制作布艺产品，不用的披肩可以作桌旗，不穿的衣服作成靠枕套等。这种简单、易制的布艺可以让使用者在家居情景中得到更多的成就和参与的愉悦感。随着人们对家庭情感追求的剧增，更多的人愿意通过这一方式感受到布艺DIY带来的快捷和乐趣（图4-2-11至图4-2-13）。

图4-2-11　布艺DIY之摆件　　　　图4-2-12　布艺DIY之壁面装饰　　　　图4-2-13　布艺DIY之杯垫

思考与练习

1. 如何理解当代布艺设计的概念，请举例说明其内容。

2. 结合具体案例，阐述布艺选配的要点是什么。

3. 布艺设计的趋势是什么？如何做好布艺的系列化设计？

第五章　软装饰灯饰设计

第一节　软装饰灯饰的概念及分类

1.1 软装饰灯饰的概念

灯饰概念并不等同于灯具。灯具是人们照明功能的器具，是为光源而配备的外在装置，其概念侧重于照明的实用功能，造型简单，结构牢固，较少考虑装饰功能。灯饰不仅兼有灯具的概念，同时注重灯具的艺术造型，追求灯型、灯色、灯光与环境相互协调、互相辉映的效果（图5-1-1）。

灯饰是空间照明的主要设施，可以给较为单调的顶面色彩和造型增加新的内容的同时，还可以通过灯具造型的变化、灯光的强弱等手段，起到烘托家居空间气氛的作用。灯饰的合理运用使空间的功能更强，如客厅可以通过一盏极有特色的灯饰来反映空间格调，餐厅的用餐氛围也可以通过光照和灯的配比来营造用餐氛围（图5-1-2、图5-1-3）。家居软装饰设计中，小壁灯、小台灯的恰当运用，都会以一种心理暗示的方式营造其空间的情景感。

灯饰还可以设计成光照明的光带，用光来引导空间，引导使用者的视线和行走动线。如通过顶面光带引导人进入走廊尽头的状态，通过点状聚合的光线使人的视线指

图5-1-1　客厅主灯提供整体照明

图5-1-2　用床头灯营造睡眠氛围

向挂画，烘托出挂画的焦点作用。可见，灯光可以起到描述重点的作用，也可以通过灯光的照明，引导人向相应的方向行走（图5-1-4）。此外，还可以通过光带特殊的线状照明方式突出空间形体，刻画空间线条（图5-1-5）。

图5-1-3 餐厅吊灯暗示空间功能

图5-1-4 利用光带的引导行走动线

图5-1-5 利用光带突出空间形体

1.2 软装饰灯饰设计的分类

（1）吊灯

吊灯一般悬挂在天花板上，是最常采用的照明灯饰。根据发光情况，可分为全部漫射型、直接—间接型、向下照明型和光源显露型四种。

① 全部漫射型。它向四周发出光线，有照明与装饰双重功能。为达到好的装饰效果，常用彩色透光灯罩和调光器控制光源亮度（图5-1-6）。

② 直接—间接型。有许多向上和向下的光线，水平方向的光线很少。常装在接近视线的高度上，多用于餐厅等处的照明。其悬挂高度也有可调控的，拉下来时用作加强照明，拉上去时用作一般照明（图5-1-7）。

③ 向下照明型。发出的光线会产生较强的影子，多用于大厅、过道或楼梯等处作加强照明用，用于房间中通常还应配有一般照明（图5-1-8）。

图5-1-6 全部漫射型吊灯

图5-1-7 直接—间接型吊灯

图5-1-8 向下照明型吊灯

④ 光源显露型。它用高亮度的发光体达到闪烁和兴奋感，着重于装饰。一般使用裸露的小功率光源，装在高于视线的空间中。挂得低时，须使用低亮度的光源或用调光器减低光源亮度，并在灯后面用淡色墙面。

吊灯的样式最多，常见的有欧式烛台吊灯（图5-1-9）、中式吊灯、水晶吊灯、锥形罩花灯、尖扁罩花灯、束腰罩花灯、五叉圆球吊灯、玉兰罩花灯、橄榄吊灯等。用于居室的分单头吊灯和多头吊灯两种，前者多用于卧室、餐厅，后者宜装在客厅里，常作为主灯整体照明用。

（2）吸顶灯

吸顶灯又叫天花灯，是直接安装在天花板面上的灯型。其装在天花板表面，露出全部外形。外形多样，如长方形、正方形、圆柱形等，里面的光源有白炽灯、节能灯、灯管等，多用于过道、走廊、阳台、厕所等地方。吸顶灯较大众化，经济实惠，安装简易，适合层高较低的空间。根据发光情况，分为全部漫射型、向下漫射型和向下投射型三种。

① 全部漫射型。它使用漫射或表面压有棱镜的透明材料灯罩向四周空间发光。工作时看不见灯罩内的光源，向上发出的光线照射到墙壁和天花板上（图5-1-10、图5-1-11）。因此，室内使用淡色的天花板，可将照射在天花板上的光线尽量多地反射出来。

② 向下漫射型。灯罩的边用不透明或部分不透明的材料做成，光从下面半透明的灯罩中透射出来，很少有光线照明天花板（图5-1-12）。

③ 向下投射型。用于加强照明或补充照明的一类光束角度不大的灯具，一般装在天花板上，为视觉作业提供足够的光线（图5-1-13）。

图5-1-9　欧式现代简约时尚吊灯

图5-1-10　全部漫射型吸顶灯1

图5-1-11　全部漫射型吸顶灯2

图5-1-12　向下漫射型吸顶灯

图5-1-13　向下投射型吸顶灯

图5-1-14 光源显露型壁灯

图5-1-15 壁灯装饰

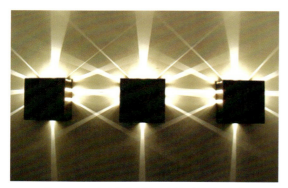

图5-1-18 多方向定向照明型壁灯光影效果丰富

（3）壁灯

壁灯是安装在墙壁、建筑支柱和其他立面上的辅助照明装饰灯具，安装高度一般接近于水平视线。因此，需要严格控制发光面亮度。壁灯适合于卧室、卫生间、走道等部位照明。根据发光情况可分为光源显露型、漫射型、条状型和定向照明型四种。

① 光源显露型。常用作装饰，有的还装有透明的、外形美观的灯罩（图5-1-14）。

② 漫射型。使用体积较小的半透明灯罩，表面亮度较低。常成对安装在走道、门廊或镜子两边（图5-1-15、图5-1-16）。

③ 定向照明型。灯饰具有较强的定向照射光线，光线以向上或向下照射为多，向上照明多用作一般照明，向下时作加强照明，也有为突出光线效果而向多个方向发光，从而形成特殊光影效果（图5-1-17、图5-1-18）。

④ 条状型。使用荧光灯或一个以上并列的白炽灯作光源，外形狭长。既可用作照明工作面的局部照明，也可作一般照明，一般装在镜子上方、过道和门厅等处（图5-1-19）。

图5-1-16 漫射型壁灯

图5-1-17 向上照射式定向照明型壁灯

图5-1-19 条状型壁灯

（4）落地灯

落地灯的外形比较高大，常放在地板或茶几边，用作局部照明，不讲全面性，而强调移动的便利，对于角落气氛的营造十分实用。落地灯的采光方式若是直接向下投射，适合阅读等需要精神集中的活动（图5-1-20）；若是间接照明，可以调整整体的光线变化。

（5）台灯

台灯的外形较小，一般放在桌子上，起局部照明作用。台灯可以分为工艺用台灯和书写用台灯，前者装饰性较强，后者则重在使用（图5-1-21、图5-1-22）。专供读书写字用的书写台灯的灯罩亮度、灯罩遮挡发光体的角度、照明面积和照度都有利于减轻视疲劳和保护视力。

（6）轨道灯

轨道灯是安装在一根嵌有带电导线的轨道上的可移动式灯具，轨道一般装在天花板或墙上。有投射光线功能的灯具插入轨道，可根据被照物位置和照明要求移动，调节照明方向。轨道灯能产生很好的聚光效果，用于重点部位的局部照明（图5-1-23）。

图5-1-20　直接向下投射落地灯

图5-1-21　工艺台灯重在装饰效果

图5-1-22　书写台灯重在照明效果

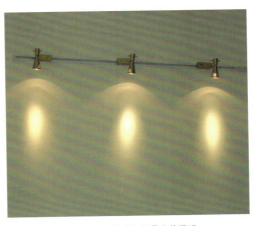

图5-1-23　轨道灯提供点状照明

（7）灯带

灯带是指把LED灯用特殊的加工工艺焊接在铜线或带状柔性线路板上面，再连接上电源发光，因其发光时形状如一条光带而得名。灯带柔软，能像电线一样卷曲；可根据空间的形状布设，常作为室内照明中的隐形光源，营造气氛而用。灯带因其特有的线状造型，成为引导空间的重要手段（图5-1-24）。

（8）筒灯

筒灯是一种嵌入到天花板内光线下射式的点状照明灯具，一般装设在卧室、客厅、卫生间的周边天棚上。这种嵌装于天花板内部的隐置性灯具所有光线都向下投射，属于直接配光。可以用不同的反射器来取得不同的光线效果。筒灯不占据空间，可增加空间的柔和气氛，如果想营造温馨的感觉，可尝试装设多盏筒灯，减轻空间压迫感（图5-1-25）。

除以上几种常用的灯具外，还有将建筑、家具与灯具组合在一起的照明设备。通过巧妙地处理可达到只见光不见灯的效果，有的成为一个发光的建筑石，有的成为发光的陈设物，还可将灯具与陈设、家具等有机结合在一起，形成相依相生的效果（图5-1-26至图5-1-29）。

图5-1-24　灯带及装饰效果

图5-1-25　筒灯装饰

图5-1-26　壁面陈设与灯具结合

图5-1-27　悬挂陈设与灯具结合

图5-1-28　陈设型灯具

图5-1-29　家具与灯具结合

第二节 软装饰灯饰风格与搭配方法

照明灯饰是家居软装饰的有机组成部分,不仅要根据居室各部位使用功能来科学选配,使周边各种受光物体的光线均匀分布,人们视觉功能发挥良好效力,其样式、材质和光照度还要和软装饰的风格相统一。

2.1 不同装饰风格的灯饰选配

2.1.1 中式风格

中式风格灯饰包括明式、清式与中式新古典式样,特色各有千秋,其中明、清式属于纯中式风格,中式新古典属于改良中式风格。

① 明式风格。明式风格以气质和韵味取胜,空间色泽淡雅,造型简洁流畅,字画类艺术品装饰较多,极具艺术气息。因此可搭配造型精巧简约、色泽清雅、艺术气息较浓的中式古典灯具,灯具图案可选择菱格、冰裂纹、栅栏纹、花卉字画类(图5-2-1)。明式风格和中式新古典有较多的相似之处,因此某些灯饰可以通用。

② 清式风格。清式风格以富贵精致取胜,造型精雕细琢,繁复厚重,富贵之气一览无余。清式家具较为庞大,相应的灯饰比例也要适当加大。图案和颜色以华贵为先,红色居多,木头灯、羊皮灯使用较多,图案以龙、狮、凤、龟、麒麟等象征富贵荣华的为主(图5-2-2)。

③ 中式新古典风格。中式新古典风格相对于纯中式,造型偏于现代,只是在装饰上采用了部分中国元素(图5-2-3)。灯饰的搭配方式多变,值得注意的是,需加上其他饰品与其呼应,如摆放些中国元素的装饰品等。

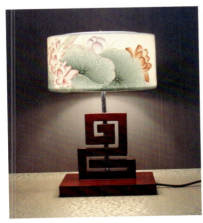

图5-2-1 明式风格灯饰

图5-2-2 清式风格灯饰

图5-2-3 中式新古典风格灯饰装饰效果

2.1.2　欧式风格

欧式强调以华丽的装饰、浓烈的色彩、精美的造型达到雍容华贵的装饰效果，注重曲线造型和色泽上的富丽堂皇，有的灯还会以铁锈、黑漆等故意造出斑驳的效果，追求仿旧的感觉。灯饰材质上多以树脂和铁艺为主，其中树脂灯造型很多，可有多种花纹，贴上金箔、银箔显得奢华亮丽；铁艺等造型相对简单，但更有质感。细分起来，欧式风格因其不同的发展阶段还呈现略有不同的特色。

① 哥特式。哥特式的主要特征在于层次丰富和精巧细致的雕刻装饰，最常见的有火焰形饰、尖拱、三叶形和四叶形饰等图案。颜色以黑色、金色为主，有神秘的宗教、魔幻感觉（图5-2-4）。常见的哥特式搭配灯饰有蜡烛灯、云石灯等。

② 巴洛克式。繁复夸张、气势宏大、富有变化、色彩浓郁、浪漫激情是巴洛克主要特点，以金色、暗红等色彩浓重的颜色为主。灯饰造型可选择层叠式，造型以曲线为主，图案可选涡旋饰、人像柱、喷泉、水池等，如水晶灯、蜡烛灯、云石灯。灯饰整体风格需要豪华壮丽，且富有变化和想象力（图5-2-5）。

③ 洛可可式。洛可可式以流畅的线条和唯美的造型著称，常使用复杂的曲线，难以发现节奏和规律，颜色多使用鲜艳娇嫩的颜色，如粉白、粉红、粉绿等。梦幻浪漫的水晶灯、蜡烛灯是洛可可式的首要选择，造型上要精致细巧，圆润流畅（图5-2-6、图5-2-7）。

④ 新古典式。新古典就是在古典设计中融合了现代的元素，符合现代人的审美，既有古典的韵味，又有现代的设计感，功能性也更强。整体色泽为金色、棕色、暗红色、银灰色等颜色。可搭配有设计感的古典灯饰，如蜡烛灯、水晶灯、云石灯、铁艺灯（图5-2-8）。

图5-2-4　哥特式灯饰

图5-2-5　巴洛克式灯饰

图5-2-7　洛可可式灯饰2

图5-2-8　新古典式灯饰

图5-2-6　洛可可式灯饰1

2.1.3 美式风格

美式风格粗犷简洁、崇尚自然，强调舒适和实用功能。美式风格的家具在很大程度上都与新古典风格相重合，对于灯饰的选配局限较小，一般适用于欧式古典的灯饰都可使用。只需要注意的是不可过于繁复，因为美式风格的精神在于抛弃复杂，崇尚自然（图5-2-9）。

2.1.4 现代风格

现代风格更贴近现代人的生活，造型简洁利落、注重功能，是工业社会的一种体现。多搭配以几何造型、不规则造型的现代灯，要求灯饰设计感十足，具有时代艺术感，颜色以白色、黑色、金属色居多，材质也多为新型工业材料如不锈钢、合成材料等（图5-2-10、图5-2-11）。

2.1.5 田园风格

田园风格表达的是质朴的乡村生活面貌，是一种田园牧歌的沉稳生活和豁达。因此，花草灯、铁艺灯、蜡烛灯等较常用于搭配此风格，灯饰图案以碎花、藤蔓及古典花纹为主（图5-2-12、图5-2-13）。

2.1.6 东南亚风格

东南亚风格以其热带雨林的自然之美和浓郁的民族特色大受欢迎，它的设计取材自然，色彩斑斓，又有着古拙的禅意。灯

图5-2-9 美式风格灯饰

图5-2-10 现代风格灯饰1

图5-2-11 现代风格灯饰2

图5-2-12 田园风格灯饰1

图5-2-13 田园风格灯饰2

图5-2-14　东南亚风格灯饰1

图5-2-15　东南亚风格灯饰2

饰选择偏向自然的藤艺灯、木头灯、布艺灯、铁艺灯和颜色浓烈的陶瓷灯等，表达出民族的特色和韵味，整体颜色需厚重浓烈，且不可失于杂乱、浮夸。同时，可选择一些本土化的装饰物来相互呼应，使其特点更加明确（图5-2-14、图5-2-15）。

2.1.7　日式风格

经典的日式风格和中式古典风格类似，但以情调取胜，禅意悠远，意境深邃。日式风格装饰简洁，家具低矮，使用功能强。除了中国味很浓、装饰繁琐的灯饰，其他应用于中式家具的灯饰一般都可用于日式家具，如木头灯、陶瓷灯、纸艺灯等（图5-2-16、图5-2-17）。需注意的是，日式灯饰造型讲究简约与韵味，图案一般选用菊花、茶道、花艺、禅语、仕女等传统文化符号。

2.2　不同功能空间的灯饰选配方法

灯饰服务于空间，选配灯饰应该根据其不同的用途和空间位置，挑选合适的灯饰及其光源等，以此来营造良好的空间氛围。现代住宅功能空间一般有客厅、书房、起居室、卧室、厨房、卫生间、门厅等，由于它们的功能不同，要根据不同的房间功能选择不同的灯具。

图5-2-16　日式风格灯饰

图5-2-17　日式风格灯饰

（1）客厅

客厅是家庭的焦点部位且活动较多，主要包括会客、交流、休闲娱乐等，因此，照明方式也应多样。亲朋好友相聚，以看清客人的表情为宜，一般采用顶部照明，如吸顶灯或吊灯；休闲娱乐时，以柔和的效果为佳，建议采用落地灯与台灯进行局部照明，在电视机后方安置一盏台灯或利用筒灯投射在电视机后方的光线，以减轻视觉的明暗反差；进行阅读时，需要采用能集中、柔和的光线并易于调节高度和角度的落地灯或台灯；客厅中的各种挂画、盆景以及收集的艺术品等用卤素光源轨道灯或石英灯集中照明，可以强调细部和趣味点，突出品位与个性（图5-2-18、图5-2-19）。

（2）餐厅

家庭餐厅灯光装饰的焦点是餐桌，灯饰一般可用垂直的吊灯，但吊灯不宜安装得太高。长方形的餐桌，可安装两盏吊灯或长的椭圆形吊灯，吊灯要有光的明暗调节器与可升降功能，以便兼作其他工作用。中餐讲究色、香、味、形，往往需要明亮一些的暖色调，而享用西餐时，如果光线稍暗、柔和一些，则可营造浪漫情调（图5-2-20、图5-2-21）。

图5-2-18　客厅顶部照明与局部照明结合

图5-2-19　重点表现客厅顶部照明

图5-2-20　餐厅适合采用暖色光源灯饰

图5-2-21　餐厅灯饰色彩与空间色呼应

图5-2-22 新中式卧室灯饰

图5-2-23 书房灯饰

（3）卧室

卧室是休息睡觉的房间，需营造安静、闲适的氛围，避免刺眼的光线和眼花缭乱的灯具造型，以使人更容易进入睡眠状态。一般可用一盏吸顶灯作为主光源，设置壁灯、小型射灯或发光灯槽、筒灯等作为装饰性或重点性照明，以降低室内光线的明暗反差。梳妆镜旁可装亮一点的壁灯，床头配床头灯，如可调光型的台灯，灯具内安装节能灯或冷光卤素灯，可避免眼睛疲劳，美观又实用（图5-2-22）。

（4）书房

书房是供家庭成员工作和学习的场所，要求照明度较高，可采用局部照明的台灯，以功率较大的白炽灯为好。主体照明采用吊灯和吸顶灯均可，位置不一定在中央，可根据室内的具体情况来决定。灯具的造型、格调也不宜过于华丽，以创造出一个供人们阅读时所需要的安静、宁谧的舒适环境（图5-2-23）。

（5）厨卫

厨卫照明一定要健康实用。厨房灯饰的选择应以功能性为主，顶部中央装上嵌入式吸顶灯具或防水防尘的吸顶灯，突出厨房的明净感。在做精细、复杂的工作，如配菜、做菜时最好在工作区设置局部照明灯具，可在吊柜的下方安装天花射灯或荧光灯管作为补充照明，有些抽油烟机自带有照明灯具。注意选用的厨卫灯具应该防水、防尘，安全且易于清洁（图5-2-24）。

洗手间与浴室中安装的主照明灯具应是防水、防尘的吸顶灯或嵌入式灯，光源色温应选择冷色调（图5-2-25）。浴室镜前灯要能防水、可调角度，方便洗漱及梳妆。

图5-2-24 厨房照明灯饰

图5-2-25 卫浴空间灯饰光线应具有明净感

2.3　家居软装饰灯饰的搭配技巧

空间灯饰在搭配时应该注意以下几点。

2.3.1　风格协调

灯饰的格调要与室内的整体环境相协调，如中式风格室内要配置中式风格的灯饰，欧式风格的室内要配置欧式风格的灯饰，不可张冠李戴、混杂无序。如图5-2-26所示，浅色系的软装饰搭配柔和的灯光显得相得益彰。家居灯饰是依托室内整体空间和室内家具而存在的，室内空间中各界面的处理效果，室内家具的大小、样式和色彩，都对室内空间灯饰的搭配产生影响，要注意两者之间的依存关系。如为体现灯饰的照射和反射效果，在空间界面和家具材料的选择上可以尽量选用一些具有抛光效果的材料，如抛光砖、大理石、玻璃和不锈钢等。

2.3.2　主次有序

室内灯饰搭配时应注意主次关系的表达。一套户型中的各个空间灯饰是服务于整套空间设计的一个整体，因此，灯饰之间要有主有次、相互呼应，对于重点空间如起居室、餐厅，可选择表现力强的灯饰（图5-2-27），次要空间如走道等，灯饰的选择则要低调内敛一些，以免喧宾夺主。同时，在一个功能空间中，灯饰的选配也要突出一个中心，其他灯饰以其为中心做呼应，如客厅的灯具中心为吊灯，落地灯、壁灯等要围绕其铺陈开来。

图5-2-26　欧式风格的灯饰搭配

图5-2-27　突出餐厅灯饰的主体作用

2.3.3 与空间尺度、形状协调

室内灯饰搭配时还应充分考虑灯饰的大小、比例、造型样式、色彩和材质与室内空间的尺度和形状的关系。如在方正的室内空间中可以选择圆形或曲线形的灯饰，使空间更具动感和活力；在较大的宴会空间，可以利用连排的、成组的大型吊灯，形成强烈的视觉冲击，增强空间的节奏和韵律感。小型空间可选用简洁、明快的吸顶灯。当房间高度在3米以下时，不宜选用长吊杆的吊灯及垂度高的水晶灯，以免产生压抑感（图5-2-28）。灯饰的面积一般占房间面积的2%～3%，这样可以保持空间元素之间的比例均衡。

图5-2-28 客厅照明灯饰

灯饰作为提供光亮、营造气氛的室内装饰，其作用也越来越受到人们的关注。现代建筑装饰，不仅注重室内空间的构成要素，更加重视照明对室内外环境所产生的美学效果以及由此而产生的心理效应。因此，灯光照明不仅仅是延续自然光，而是在建筑装饰中充分利用明与暗的搭配、光与影的组合创造一种舒适、优美的光照环境。

思考与练习

1. 灯饰的概念是什么？它与灯具的区别是什么？
2. 常见灯饰的种类有哪些？分别适合哪些空间类型？
3. 灯饰配置的要点是什么？
4. 对选定空间进行灯饰配置，并形成示意图。

第六章　工艺品的选配与布置

第一节　工艺品的分类与作用

　　家居软装饰设计中的工艺品是指装修完毕后布设在室内空间的易于更换、易变动位置的饰物，属于二度陈设与布置。作为可移动的装饰物，工艺品更能体现主人的品位，是营造家居氛围的点睛之笔。工艺软装饰打破了传统装修行业的界限，将工艺品、纺织品、收藏品等进行重新组合，形成了一个新的概念。

1.1　工艺品的分类

　　工艺品是家居软装饰设计中重要的造型要素，作为一种装饰艺术，融合了历史、文化、美学、设计学等多种因素，是软装饰艺术的一种最佳体现。工艺品可根据居室空间的大小形状、主人的生活习惯、兴趣爱好以及自身的经济情况，个性化地设计方案，体现出主人独特的品位。家居软装饰工艺品按其陈设位置可以分为如下几个方面。

1.1.1　墙面装饰类工艺品

　　面对一片空白的墙壁，人们总希望作些点缀，让整个空间更加精彩。在墙面上布置一些漂亮的饰品，为居室空间增色不少。墙面装饰类工艺品一般以平面艺术为主，如书、画、摄影、浅浮雕等，或小型的立体饰物，如挂盘、弓、剑等，也可以将立体陈设品放在壁龛中，如雕塑等，并配以灯光照明，或是在墙面设置悬挑轻型搁架以放置工艺品（图6-1-1、图6-1-2）。墙面装饰品常和家具发生上下对应关系，可以是

图6-1-1　墙面装饰1

图6-1-2　墙面装饰2

较为自由活泼的形式，还可以采取垂直或水平伸展的构图，组成完整的视觉效果。但是家具比较多的房间，墙面被遮挡的部分较多，过于复杂的装饰容易使空间软装饰主次不分，给人凌乱的感觉。

墙面和工艺品之间的大小和比例关系十分重要，要注意墙面留白，使视觉获得休息的机会。如果是占整个墙面的壁画，可起到背景装饰艺术的作用。此外，某些特殊的工艺品，可利用玻璃窗面进行布置，如剪纸窗花，利用光线造成特殊的光影装饰效果。

1.1.2 桌面装饰类工艺品

这里的桌面一般包括如办公桌、餐桌、茶几、会议桌以及沿墙布置的储藏柜和组合柜等的表面。桌面装饰一般选择小巧精致、宜于近距离欣赏的工艺品，并可即兴灵活更换。桌面上的工艺品应注意与家具配套购置，选用和桌面协调的形状、色彩和质地（图6-1-3、图6-1-4）。

1.1.3 落地装饰类工艺品

大型的工艺品，如雕塑、瓷瓶等，常落地布置，放置在空间中央，成为视觉的中心，也可放置在厅室的角隅、墙边或出入口旁、走道尽端等位置，作为重点装饰，或起到视觉上的引导作用和对景作用（图6-1-5、图6-1-6）。需要注意的是，大型落地工艺品不应妨碍交通路线的通畅。

图6-1-3 欧式古典桌面工艺品装饰

图6-1-4 桌面类工艺品图

图6-1-5 落地工艺品装饰1

图6-1-6 落地工艺品装饰2

1.1.4 橱柜装饰类工艺品

数量大、品种多、形色多样的小工艺品一般适宜采用分格分层的搁板、博古架或特制的装饰柜架进行陈列展示，这样可以达到多而不繁、杂而不乱的装饰效果（图6-1-7）。布置整齐的装饰柜架，可以组成色彩丰富的抽象图案效果，起到很好的装饰作用。壁式博古架应根据展品的特点，注意色彩、质地的搭配，以起到良好的衬托作用。

1.1.5 悬挂装饰类工艺品

空间高大的厅室常采用悬挂各种装饰品，如织物、绿化、抽象金属雕塑等，弥补空间空旷的不足，并有一定的吸声或扩散的效果。居室也常利用角隅悬挂灯具、绿化或其他装饰品，既不占面积又装饰了枯燥的墙边角隅（图6-1-8）。

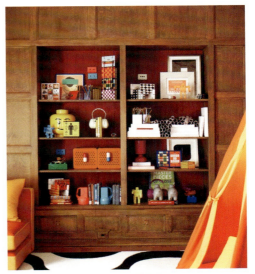

图6-1-7 橱柜陈设

1.2 工艺品装饰的作用

软装饰设计中的工艺品在室内设计中起到了美化环境的作用，增加了人们的生活情趣，提高了人们的生活质量和品味。

（1）提升空间的整体氛围，体现使用者的爱好与修养

室内的整体气氛是由诸多因素形成的，空间内的色彩、图案、材质等都影响并参与创造环境气氛，装饰工艺品的情感倾向性更加强烈，更能为居室整体气氛点题、定调，如书桌上摆放的笔筒、砚台、镇尺等简单摆设能透出浓郁的书卷气（图6-1-9）。室内工艺品的风格、情调、主题也能决定整个居室的风格、情调、主题。因此，当居室主人希望室内形成某种情调或气氛时，就可以选择符合自己要求的工艺品。如我国历代的文人雅士都喜欢给自己的居室题各类匾，这些匾名也是居室主人心态的表白，同时强化了室内情调气氛的倾向性。

（2）强化室内的装饰风格与特色

好的工艺品都有鲜明的风格与特色，尤其是有鲜明的时代性、民族性和地区性。室内工艺品在大多数情况下要与室内整体装饰风格相一致，起到烘托与强调的作用。在我国传统风格的居室中，桌上放着"文房四宝"，博古架上陈设着唐三彩、紫砂陶器，墙上挂着写意山水条幅，整体气氛是和谐统一的。但如果在这样的居室中挂着现代抽象派绘画就会显得不伦不类。因此，以某种风格装饰的居室，要用同一风格的艺术品来强调其特色。

图6-1-8 悬挂陈设

图6-1-9 古色古香的中式工艺装饰

图6-1-10 日式风格 客厅、餐厅的分割

（3）更新室内环境气氛

很多人都希望自己的居室能经常出现新的面貌与气氛，而室内工艺品是可以经常更新室内环境气氛的重要手段。工艺品体量小，易更换，可变性大，而且特色鲜明，装饰效果强，能产生很突出的视觉效果。

（4）参与室内空间的创造与组织

尽管室内工艺品体量较小，但也可以参与空间的创造与组织，起分割、虚拟、填补、调整等作用。工艺品可以与家具等结合，分割与虚拟空间，如图6-1-10所示。

第二节　工艺品布置的原则与方法

家具、灯饰、织物等以使用功能为第一位，美化要服从实用。而室内装饰工艺品的主要作用就是装饰美化，大部分都没有实际使用价值，审美是第一位的。因此在我们进行家居软装饰设计时，要相应考虑其原则与方法。

2.1 室内艺术品的布置原则

（1）服从室内空间性质和功能的需要

室内工艺品要把审美放在第一位，但这并不是说不需要考虑室内性质和功能，恰恰相反，审美本身也离不开居室的性质与功能。一件艺术品放在某个空间环境中是美的，放在另一空间环境中就不一定具有美感，这主要是因为空间的性质与功能不同。布置室内工艺品时，不能只着眼于作品本身的美感，而是要将它与整个居室的性质、功能、风格等联系起来，从室内环境的整体出发来选择和布置。

（2）以环境整体的审美价值为选择标准

室内工艺品的价格相差悬殊，从价值连城的名家作品到几元、十几元的小制品各有不同，但这不是我们选择室内工艺品的标准。工艺品本身的艺术价值和它所在居室审美中的审美价值是不同的，如把一幅价值很高的中国水墨画挂在典型欧式风格的居室中显然是不协调的。

（3）室内艺术品讲究"少而精"

软装饰工艺品是室内设计中的非必要功能品，但它的存在一定要能提升空间气氛，宁缺毋滥。家居软装饰设计时，工艺品的布置要讲究数量，尽量减少到最小的必要程度，做到"少就是多，简洁就是丰富"，不能为了装饰而装饰，避免材料的堆

图6-2-1　简洁式工艺品　　　　　图6-2-2　工艺品与家具形成情景感　　　　　图6-2-3　装饰画与家具呼应

砌。从整体效果考虑，可以将工艺品布置成微妙或夸张的形式，突破一般规律，通过突破性、个性反映独特的效果。适度地、恰到好处地表现室内空间是选配工艺品时首先要考虑的因素（图6-2-1至图6-2-3）。

2.2　室内艺术品的布置方法

工艺品装饰是美化室内视觉环境的有效方法，是室内环境中十分重要的组成部分。室内工艺品是依附于室内空间、家具的装饰物，因此，在进行工艺品的选择和布置时，要处理好工艺品和工艺品之间的关系、工艺品和家具之间的关系以及工艺品和室内空间之间的关系。

（1）根据空间功能进行工艺品搭配

摆放空间的功能是确定饰品种类的依据，在这个空间放什么样的饰品，必须考虑这个空间的使用功能（图6-2-4、图6-2-5）。一幅画、一件雕塑、一副对联，它们的材质、线条、色彩等不仅表现其本身，也应和空间场所相协调，这样才能反映不同的空间特色，形成独特的环境气氛，赋予文化内涵（图6-2-6、图6-2-7）。

（2）根据室内空间及家具尺度来布置工艺品

工艺品的大小应以空间尺度与家具尺度为依据而确定，不宜过大，也不宜太小，

图6-2-4　餐厅工艺品布置　　　　　　　　　　　图6-2-5　玄关的工艺品布置

图6-2-6　工艺品材质与空间色调协调

图6-2-7　工艺品色彩与空间色调互相映衬

图6-2-8　工艺品与架子比例协调

以最终达到视觉上的均衡。一般来说，工艺品的大小和高度是和空间成正比的。室内工艺品过大，会使空间显得小而拥挤，过小又会使得室内空间过于空旷。局部的布置也是如此，如图6-2-8所示，工艺品大小、高低符合架子的尺寸，比例协调。工艺品的形状、线条更应与家具和室内空间密切地配合，运用多样统一的美学原则达到和谐的效果（图6-2-9）。

（3）结合家具、硬装来整体考虑工艺品的色彩、材质、造型

工艺品是室内软装饰中的一个有机组成部分，与其他装饰要素共同服务于室内空间，要和其他室内要素形成良好的视觉效果、稳定的平衡关系。因此，进行工艺品的选配时，其材质、色彩、造型要从整体室内环境考虑。

① 色彩方面。工艺品摆放点周围的色彩是确定饰品色彩的依据，常用的方法有两种，一种配对比色，另一种配和谐色。以无彩系处理的室内空间，偏于冷淡，可利用一簇鲜艳的花卉或一对亮丽的摆件，使整个室内气氛活跃起来，能产生较大的视觉震撼力，但不可贪图数量，以免产生杂乱之感（图6-2-10）。在选择工艺品时，也可以与家具、整体装修呈同一色系、材质的搭配，使家具和陈设之间、陈设和陈设之间，取得相互呼应、彼此联系的协调效果，产生和谐统一的整体美感（图6-2-11）。

② 材质方面。不同材质和肌理的工艺品会带来不同的视觉和心理感受，如木质纹理自然朴素，玻璃、金属光洁坚硬，给人轻巧柔美的感受等。因此，对于室内工艺品的选择，应从室内整体环境出发，同一空间宜选用质地相同的工艺品以取得统一的效果，使其能在统一之中显出材料的本色（图6-2-12）。

图6-2-9　工艺品与空间尺度比例协调

图6-2-10　工艺品与空间呈对比配色

图6-2-11　墙面工艺品与墙面对比配色

图6-2-12　工艺品与其他装饰元素质地的统一

图6-2-13　工艺品与家具形状协调

图6-2-14　工艺品与界面形状对比

③ 造型方面。家具与空间的形状是确定工艺品形状的依据。常规搭配的是方配方，圆配圆，但如果用的是对比方式效果会更独特，比如圆配方、横配竖、复杂形配复杂形等（图6-2-13、图6-2-14）。

工艺品与界面形状对比，要想达到工艺品在室内空间中既对比又统一的效果，可以尝试在色彩、材质、造型中选择某项与整体装修呈对比的表现，在另外两元素中呈统一的表现，如以绿色为主调的空间，选择相近色调的工艺品，但在材质或是造型上标新立异，又有突出表现力的效果。

工艺品对室内空间形象的塑造、气氛的表达、环境的渲染起着锦上添花的作用，也是完整的室内空间所必不可少的装饰。工艺品的选配不是孤立的，必须从整体环境的角度出发，与室内其他物件相互协调配合，采取具有特点、符合风格的设计手法，创造符合功能需要且具文化内涵意义与审美价值的搭配，才能具有视觉上的吸引力和心理上的感染力。

思考与练习

1. 工艺品的种类及特点是什么？
2. 举例说明工艺品的选配方法。

第七章　室内绿化设计

第一节　室内绿化概述

室内绿化是指按照室内环境的特点，利用以植物为主的观赏材料，结合人们的生活需要，对室内空间场所进行的美化装饰。室内绿化要符合人们的物质生活与精神生活的需要，配合整个室内环境进行设计，使室内室外融为一体，达到人、室内环境与自然的和谐统一。

1.1　室内绿化的形式

室内绿化的形式很多，如在博古架上摆设的盆花、盆景，装饰墙面或顶棚的垂吊植物等。下面将介绍一些常见的室内绿化形式。

① 单株（簇）植物盆栽布置。这是一种以桌、几、架等家具为依托的绿化，大型的可以落地摆放。单株的植物盆栽种类丰富，一般尺度较小，是常见的绿化形式，具有摆放灵活的特点（图7-1-1）。

图7-1-1　单株植物

② 插花布置。插花是截取植物可供观赏部分的枝叶花果等插入容器中，经过艺术加工而成的装饰品。一盆成功的插花要体现出色彩、线条、造型、留白等要素。插花是富有生机的室内装饰品，不仅具有美观性，还能体现一个地区的人文传统，采用不同的植物更可赋予空间不同的意境和情趣（图7-1-2）。

图7-1-2　插花

③ 盆景。盆景源于我国园林艺术，是运用不同的植物和山石等素材，经过艺术加工，仿效自然山水，成为一种在方寸之间塑造的微缩景观，源于自然，又高于自然。盆景根据取材和制作的不同，分为树桩盆景和山水盆景（图7-1-3、图7-1-4）。

室内绿化还包括综合运用各种室外园林基本素材，将山水、树木

图7-1-3　树桩盆景

图7-1-4　山水盆景

花草、假山叠石乃至建筑小品（亭台楼阁）有机组合而成的可观可游的多功能室内景观小品。绿色源于大自然，树木、花卉、绿叶能给生命注入活力，能为生活增添情趣。将自然景观引入居室，将给居室带来无限的生机，这对于长期脱离大自然的城市居民来说尤为重要，因为它能在一定程度上满足人们回归自然的心理需要。这种绿化体量较大，适合大型室内空间的公共区域（图7-1-5、图7-1-6）。

1.2 室内绿化的功能

（1）美化室内环境

植物的形态是自然形成的，没有掩饰和伪装，植物的盘根错节、横延纵伸在形式上是一幅天然图画，其造型是一种自然美。一定程度上对观赏植物的艺术处理，使其在形象、色彩等方面更加妩媚，创造出"室内几丛绿，满屋顿生春"的自然景观，以达到室内美化效果（图7-1-7）。

（2）有利身心健康

现代科学已经证明，绿化具有相当重要的生态功能，良好的室内绿化能净化室内空气，调节室内温度与湿度，有利于人体健康。如净化空气、调节气候的植物经过光合作用可以吸收二氧化碳，释放氧气，使空间中氧和二氧化碳达到平衡，同时通过植物叶子的吸热和水分蒸发可降低气温，在夏季可以相对调节温度，起到遮阳隔热的作用。此外，橡皮树、大叶黄杨等可吸收有害气体，芦荟、文竹等的分泌物具有杀菌作用，从而能净化空气，减少空气中的含菌量。同时植物又能吸附大气中的尘埃从而使环境得以净化。对于长时间处在室内空间的人们而言，室内绿化对人体健康无疑具有积极作用。

（3）限定、分隔空间

利用室内绿化可分隔或是限定空间，使空间各部既保持各自的功能作用，又不失整体空间的开敞性和完整性。以绿化分隔空间的范围是十分广泛的，如根据人们生活需要，运用成排的植物可将室内空间分为不同区域。攀援上格架的藤本植物可以成为分隔空间的绿色屏风，同时又将不同的空间有机地联系起来。在餐厅中可以用绿色植物作为就餐空间隔断，既有效地划分范围又不会产生封闭，较好地保持了空间的通透顺畅（图7-1-8、图7-1-9）。

图7-1-5　室内景园可综合运用多种素材

图7-1-6　可观可游的室内景园生机无限

图7-1-7　起居室的绿化装饰

（4）提示、引导、调整室内空间

绿化植物本身作为装饰性布置，具有较好的观赏价值，能够吸引人们的注意力，因而巧妙、含蓄地起到了提示与指向的作用。在设计中，出入口、主题墙等空间中，需引起人们注意的位置，常放置特别醒目、富有装饰效果甚至名贵的植物或花卉，以起到提示引导、突出重点的作用（图7-1-10、图7-1-11）。室内空间如有难以利用的死角，可以选择适宜的室内观赏植物来填充，运用植物本身的大小、高矮可以调整空间的比例感（图7-1-12）。

（5）过渡、延伸室内空间

将植物引进室内，使内部空间兼有自然界外部空间的因素，内外空间过渡顺畅，渗透效果更为自然，达到内外空间的延伸。在设计中使室内外空间有机交融的方法很多，如通过地面材料与图案的统一，由室外自然过渡到室内，或利用墙面、顶棚造型以及色彩的联系，来达到空间延伸的目的。但利用绿化来延伸空间，更具有鲜明、亲切、自然的特性。我们常见到的许多宾馆就通过绿化的连续布置来延伸空间，强化空间的一体性，如在入口处布置富有欣赏内涵的植物；在中庭空间中布置能贯通室内多

图7-1-8　用绿化限定空间

图7-1-9　用绿化分隔空间

图7-1-10　用绿化突出空间重点

图7-1-11　用绿化引导空间

图7-1-12　用绿化填充空间

图7-1-13　用大型绿化贯通多层空间

图7-1-14　用绿化延伸楼梯竖向空间

图7-1-15　绿化柔化空间

层空间的大型植物和树木，使各层之间相互渗透；在门廊的顶棚设悬吊植物等。借助绿化不仅让室内外景色相互渗透，还增加了空间的开阔感和层次感，使室内有限的空间得以延伸和扩大（图7-1-13、图7-1-14）。

（6）柔化室内空间的作用

现代建筑空间大多是由直线形框架构件组合的几何体，给人以生硬冷漠之感。利用室内绿色植物特有的曲线、多姿的形态、柔软的质感、五彩缤纷的色彩和生动的影子，与冷漠、僵硬的建筑几何形体和线条形成强烈的对比，可以改变人们对空间的印象，并产生柔和的情调，从而改善空间空旷、生硬的感觉，使人感到亲切。如乔木或灌木以其柔软的枝叶覆盖室内的大部分空间，藤蔓植物以其修长的枝条从这一墙面伸展至另一墙面或由上而下吊垂在墙面、柜架上。植物的自然形态，以其特殊色质与建筑在形式上取得协调，在质地上又起到刚柔对比的特殊效果，通过植物的柔化作用补充色彩，美化空间，使室内空间充满生机（图7-1-15）。

1.3 室内绿化的风格表现

室内绿化以其独有的姿色形态美化空间，而每种植物因其生长地理环境、体态的不同又呈现不同的视觉美感，并与不同的室内风格气质相吻合，从而形成了室内绿化的不同风格，这就要求设计者根据环境特点有针对性地进行选择，下面列举几个特色鲜明的室内绿化例子予以说明。

1.3.1 中国古典风格的绿化

东方人把美学建立在"意境"的基础之上，讲究诗情画意，表现具有深邃内涵的意境（图7-1-16、图7-1-17）。这种美学态度使得中式古典风格的绿化装饰美观更重于搭配摆放上的精妙，而无关于数目的多少，更重于自然的美感，而较少人工的雕琢，以此形成了特有的绿化配置方式。古典风格的绿化在美学形态上常为点式（如小型盆栽、插花作品等），它本身所占的空间较小，与室内其他布置保持一定距离，从而显得相对独立，突显个性（图7-1-18、图7-1-19）。这种形态的布置有两个作用，一是用来引导人们的视线，起到空间提示和指向作用；二是可以作为艺术品或独立景观进行欣赏。古典风格绿化在布局手法上多为自然式，仿照大自然及庭园景观，在室内砌石填土、筑水池，做成半泓秋水，小中见大，近中求远，使人身居室内，犹置郊野。中式古典风格空间宜选用具有古典韵味的植物装饰，如苏铁、芭蕉、竹、梅、吊兰、万年青、金橘等具有传统气质的植物（图7-1-20）。

图7-1-16 中国古典风格绿化布局灵活精妙

图7-1-17 中国古典风格绿化讲求意境

图7-1-18 中国古典风格插花以小见大

图7-1-19 中国古典风格插花以内敛、自然取胜

图7-1-20 中国古典风格插花常用素材——梅

1.3.2 欧式风格的绿化

欧式风格的室内装饰绿化秉承了西方园林追求征服自然为美的传统，表现的是植物经过一定方式的摆设或人工整理布置之后的自然美（图7-2-21）。欧式风格绿化方式可分为两种，一种是规则式的欧洲园林风格，使用多种植物材料，小乔木、灌木与草木结合而成规则式景观小品，布置得丰满、层次丰富；另一种是欧式田园风格，使用郁金香、紫藤萝、玫瑰、白掌等造型奔放、色彩绚烂的花卉描绘出如诗如画田园牧歌的景象，具有强烈的视觉效果（图7-1-22、图7-1-23）。

图7-1-21 欧式餐厅的绿化装饰

1.3.3 日式风格的绿化

与日式室内低姿、简洁、工整、自然的设计风格相吻合，日式风格绿化也常以精雕细琢的植物、山石、插花来反映千山万水景象。日式绿化取材上充分显示了日本人对自然资源的珍爱与呵护，可以选择经过疏理、精心种在石缝中的小草显示自然生命力的美，也可以选择刻意挑选过、修剪过的常青植物，或是经过深思熟虑的具有雕塑感的插花。这些植物常和精心挑选的石头搭配，石头的形态质感、色彩组合要提炼成自然山水的景色，唤起人对自然的向往。日式绿化设计体量较小，可以营造很多细腻的场景片断，给予观者更多想象空间，同时这种细微而注重细节的设计，追求一种近乎极致的艺术感（图7-1-24）。

图7-1-22 欧式插花装饰

图7-1-23 欧式田园风格花卉装饰

图7-1-24 日式风格的绿化装饰

第二节　室内绿化布置原则与方法

室内绿化植物的布置，应该根据不同的使用场所来选用。居室绿化也讲究美观，需要按照一定的原则来表现绿化的形式与内涵，达到满足室内环境装饰及人们审美需求的目的。

2.1　室内绿化布置原则

（1）艺术性原则

室内空间有限，室内绿化不可以堆积，应遵循统一、调和、均衡、韵律等形式美法则。如植物的姿态、色彩、线条、质地及比例都要有一定的差异和变化，显示多样性，但又要使它们之间保持一定的相似性，确保统一性，同时注意植物间的相互联系与配合，体现均衡感与韵律感，从而产生柔和、平静、舒适和愉悦的美感（图7-2-1）。

（2）景观性原则

在进行绿化配置时，需要熟练掌握各种植物的观赏特性和生长特性，并能对整个空间的植物配置效果进行整体的把握，充分考虑植物的生态特征，合理选配植物种类，形成结构合理、功能齐全的优美景观。

（3）生物多样性原则

室内环境中不可能有大片的土地和空间种植大量植物，而稀疏的几株植物观赏效果较差。只有合理考虑空间位置，进行多样植物的搭配与组合，才能营造和谐的景观，从而提高居家绿化的观赏价值。

如图7-2-2所示，借助室外的植物，室内适当放置不同的植物，不仅植物品种较多，也体现了景观性。

图7-2-1　优美的绿化姿态

图7-2-2　不同植物的搭配装饰

2.2 室内绿化布置方法

植物的姿色形态是室内绿化装饰的第一特性，在进行室内绿化装饰时，要依据各种植物的不同的姿色形态，选择合适的摆设形式和位置，同时注意与其配套的花盆、器具和饰物间搭配协调，力求做到构图合理、色彩协调、形式和谐。室内绿化装饰必须符合空间功能的要求，要根据绿化布置场所的性质和功能要求，做到绿化装饰美学效果与实用效果的统一。如书房是读书和写作的场所，一般摆设清秀、典雅的绿色植物，以创造一个安宁、优雅、静穆的环境，使人在学习间隙举目张望，让绿色调节视力，缓和疲劳，起镇静悦目的功效。室内空间大小及光线强弱配置绿化也是要考虑的因素，应配合室内墙面色彩以及家具形式、颜色来统一布置。空间的大小与绿化一般是呈正比例变化的，而光线的强弱和植物的色彩也要协调，如较深色的墙面不可配置深色的植物，以避免本来就暗的室内死气沉沉。

室内绿化具体布置方法包括点式、线式和面式布置，在实际操作中也可将以上两种或三种布局方式结合而成立体式布局。其中，以点式最为常见，可将盆栽植物置于空间重点、边角区域，或结合家具、陈设布置，形成绿色视点（图7-2-3）。

2.2.1 绿化的点式布置

（1）重点装饰与边角点缀

组合盆栽或有特色的植物可作为室内的重点装饰，呈点状布置在厅室的中央、主立面或走道尽端中央等，成为视觉焦点（图7-2-4）。在较大的房间要分清主次，切不可杂乱无章。对于室内边角空间，如家具转角和端头、空间角落、楼梯底部等一些难以利用的边角，可以充分地使用绿化设计（图7-2-5），用植物、山石、水体来填充以弥补装修的不足，调整最终的效果。

图7-2-3 点状绿化布置

图7-2-4 重点装饰型绿化

图7-2-5　边角点缀型绿化

图7-2-6　绿化与楼梯结合

图7-2-7　绿化与工艺品结合

（2）结合家具等装饰元素布置绿化

室内绿化除了单独布置外，还可与家具、布艺、灯具等室内装饰元素结合布置，组成有机整体（图7-2-6），还可以结合工艺品来进行绿化设计（图7-2-7）。

2.2.2　绿化的线式布置

在室内某些区域需要分割时，常使植物做线式布局，或使植物攀附在带某种条形或图案花纹的隔离带上，使得室内空间分割合理、协调。这时需要注意攀附植物与攀附材料在形状、色彩等方面的协调（图7-2-8）。

将绿化沿窗做布置，也是一种比较常见的线式绿化布置。靠窗布置绿化，能使植物接受更多的日照，并形成室内绿色景观，可做成花槽或低台上置小型盆栽等方式（图7-2-9）。

2.2.3　绿化的面式布置

当空间足够宽敞，可以考虑将多种植物布置成片，形成面式布局。这种布局方法多用于室内景园及室内大厅堂有充分空间的场所，多采用自然式栽植，即平面聚散相依、疏密有致，并使乔灌木及草本植物和地被植物组成层次，注重姿态、色彩的协调搭配，适当注意采用室内观叶植物的色彩来丰富景观画面；同时考虑与山石、水景组合成景，模拟大自然的景观，给人以回归大自然的美感（图7-2-10）。

图7-2-8　线式布置绿化

图7-2-9　沿窗布置绿化

除了在平面方向上，还可以在垂直面上做面状绿化布局。在室内较大的空间内，可以结合墙面空间吊放一定体量的悬垂植物，改善室内人工建筑的生硬线条造成的枯燥单调感，营造生动活泼的空间立体美感（图7-2-11）。在垂直面上布置绿化可以采用悬垂式，也可采用摆设式。悬垂式是将绿化悬挂在墙上，而摆设式则是预先在墙上设置壁龛或墙洞，放置盆栽植物，这种布局方式充分利用室内上部空间，丰富了绿化的竖向层次（图7-2-12）。

较大体量的面状绿化甚至可以以其丰富的形态和色彩作为良好的背景，与室内景观形成对比效果。如在展览厅或商店，用植物作为展品或商店的陪衬和背景，更能引人注目和突出主题（图7-2-13）。

绿化是家居软装饰中具有生命力的元素，作为设计者，要充分利用这一自然元素，从艺术性、生态性、实用性原则出发将室内空间布置得雅致大方，充满生机。

图7-2-10　面状布置绿化

图7-2-11　垂直绿化

图7-2-12　悬垂式绿化

图7-2-13　背景式绿化

思考与练习

　　1. 室内绿化常用材料有哪些？各有哪些特点？

　　2. 室内绿化的构成方式是什么？

　　3. 举例说明，室内空间可采用哪些方法布置室内绿化？

第八章　优秀软装饰设计案例赏析

通过前面的学习，分别了解了软装饰设计的概念、组成及其各构成要素的设计及选配方法。本章将结合编者创作的工程实例对室内软装饰设计方法进行分析和总结，结合实际项目了解软装饰设计的操作流程。

案例一　新古典风格设计一　（世贸滨江花园，350m²，四房两厅）

（案例由上海零度装饰设计有限公司提供，设计师：许军杰、徐薇薇、张军利）

项目简介： 该项目位于上海浦东国际社区，是一个全装修房的软装饰设计项目，室内空间较大，业主希望通过软装饰配置突显价值感。

业主信息： 业主为事业成功的商界人士，平时工作繁忙，家中常有客人来访，除主卧外，需要预留两间客房。

设计特征： 基于此项目特征，将本案软装饰配置定位为新古典设计风格，营造低调奢华的空间氛围，同时适当穿插现代元素，以符合时代特征（图8-1-1）。

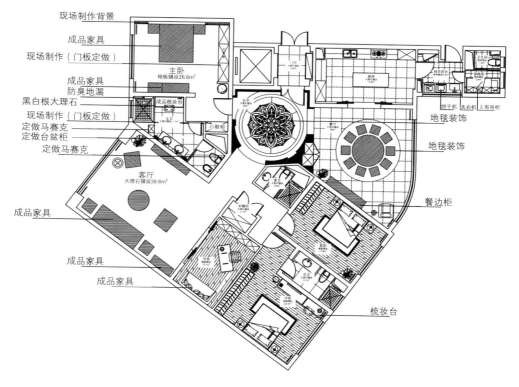

图8-1-1　软装饰平面布置图

如图8-1-2所示，客厅沙发选型整体线条较为硬朗，细节显示新古典复古特色，并采用形式感较强的座椅与沙发形成对比统一的效果，珠光皮质沙发与天鹅绒座椅透露出家具的档次。

如图8-1-3、图8-1-4所示，客厅家具和卧室家具的配置平面图，新古典主义家具利用现代的技术加上简化的手法，还原了古典气质，具备了现代与古典的双重审美效果，让整个居室充满高贵与浪漫的气息。主卧室采用深色主调营造大气、神秘的气氛，为避免过度压抑，壁纸图案以金属色提亮空间效果，天鹅绒软包床头符合新古典定位，如图8-1-5所示。

图8-1-2 客厅软装饰配置实景图

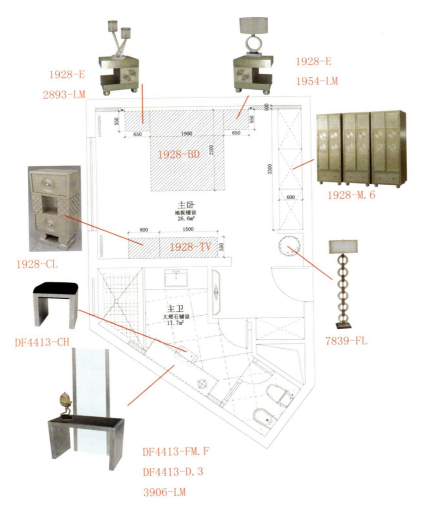

图8-1-3 主卧家具平面索引图

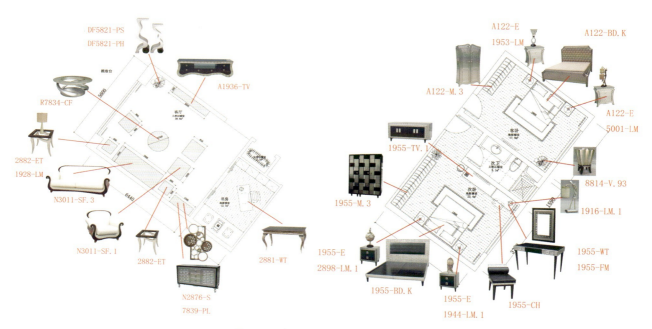

图8-1-4 客厅及次卧家具平面索引图

　　如图8-1-6所示，考虑空间整体风格的延续性，卫生间硬装用大理石及高品质仿石砖提升价值感，卫浴家具及镜框表面有精致雕花并做金银箔表面处理，尽显古典主义的风范。

　　空间整体定位为新古典主义，但在陈设及装饰画选择上也使用了造型的现代语言表达，并注意从材料质感和工艺上突显价值感，符合现代生活情境，如图8-1-7所示。

　　餐厅的软装饰是以餐桌为中心布置的，如图8-1-8所示，将灯饰、吊顶、家具用呼应手法关联起来，强化空间感觉。

图8-1-5 卧室软装饰配置实景图

图8-1-6 卫生间软装饰配置实景图

图8-1-7 工艺品及灯具选型

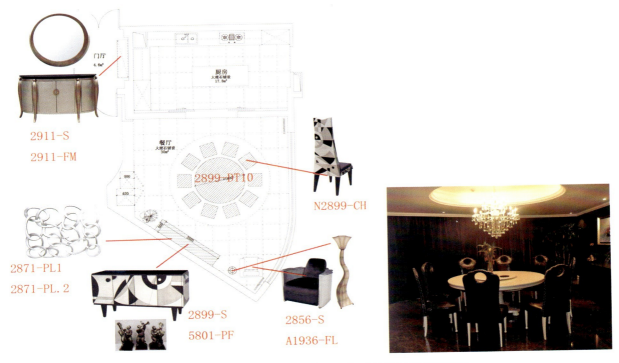

2911-S
2911-FM

2871-PL1
2871-PL. 2

2899-S
5801-PF

2899-DT10

N2899-CH

2856-S
A1936-FL

图8-1-8 餐厅软装饰平面索引图及实景图

案例二 新古典风格设计二（盘锦水游城样板房，280m²，四房两厅）

（案例由上海零度装饰设计有限公司提供，设计师：许军杰、徐薇薇、张军利）

项目简介： 该项目位于辽宁盘锦，为开发商委托设计样板房。项目在当地属于高端楼盘，户型及地段均较好。建筑空间充足，层高大，有独立入户电梯，为室内软装饰设计提供了较大发挥余地。

业主信息： 开发商委托，要求突显楼盘价值感，并具有时代性。

设计特征： 为了满足委托方诉求的雅致效果，本案的设计重点表现线条、金银暗调的色彩、精致优雅的细节。在传承欧式古典主义底蕴的同时，摒弃过于复杂的肌理和装饰，打破传统欧式厚重的深色调，用富有女性感延展性线条和温雅的白色赋予空间柔美、大方得体的审美感受（图8-2-1）。

本案主色调采用白色，适当搭配细腻的暖灰及冷灰色，突出女性对色彩的敏感。如图8-2-2所示的客厅及餐厅的装饰效果图。

本案中点缀色采用黑色、金色、暗红色，注重表现其载体细腻高雅的质感，如图8-2-3所示。

软装饰设计中，注重材料质感表现，配饰选用水晶、高光金属、皮毛等华美精致

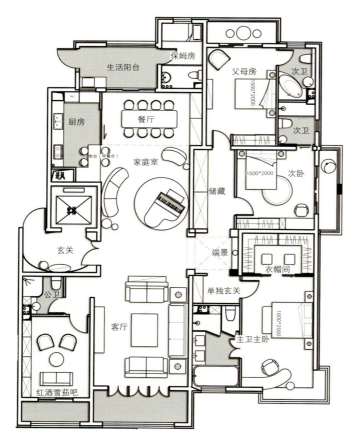

图8-2-1 软装饰平面布置图

图8-2-2 客厅及餐厅实景图

饰物，布艺选用色调淡雅、纹理丰富、质感舒适的真丝、绒布等高档面料，打造尊贵雍容的空间效果，如图8-2-4所示。

较之欧式风格的庄重正式，新古典主义软装饰布置上常以灵动、自由的方式来安排，注重细节上的修饰，既美观又实用，符合现代人生活方式（图8-2-5、图8-2-6）。

图8-2-3 空间局部实景图1   图8-2-4 空间局部实景图2

图8-2-5 空间局部实景图4    图8-2-6 空间局部实景图5

卧室运用相对对称布局突出床的主体地位，采用质感丰富细腻的床品，看似随意却极具层次地堆叠在天鹅绒床体上，营造舒适睡眠氛围。近窗的景观位置，放置姿态优美的单株绿化作为边角点缀，具有线条感的贵妃椅上斜搭皮毛毯，打造慵懒舒适休闲的空间，如图8-2-7所示。

新古典主义风格无论是家具还是配饰均以其优雅、唯美的姿态、平和而富有内涵的气韵体现出相应的地位与身份。如图8-2-8所示，利用家具、布艺、色彩、灯饰将怀古的浪漫情怀与现代人对生活的需求相结合，兼容华贵典雅与时尚现代，营造出了高雅、和谐的室内气氛。

图8-2-7　卧室实景图　　　　　　　　　　　　　图8-2-8　实景图

案例三　现代风格设计一（加州水郡A套，168m², 三房两厅）

（案例由上海零度装饰设计有限公司提供，设计师：许军杰、徐薇薇、张军利）

项目简介： 该项目位于上海新江湾国际社区，为168m²的平层住宅，原始户型布局较为合理，空间充足，采光面大，通风良好。餐厅与厨房区域略不规整。

业主信息： 本案例为一对青年夫妻婚房，除主卧外，要考虑书房，并为家庭未来成员预留儿童房，希望营造舒适、雅致、高品质的现代生活方式。

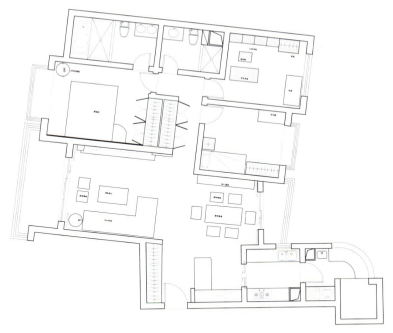

图8-3-1　软装饰平面布置图

　　设计特征：基于此项目特征，将本案软装饰配置定位为现代风格，软装饰造型突出几何形体感，主色调选用咖色系，局部点缀黑、白中性色，并注重材料质感与工艺的细腻表达，呈现时尚、雅致之感（图8-3-1）。

　　客厅家具选用现代纯皮沙发，L形摆放，呈现自由舒适、灵活的效果。空间物品色调统一而又多变，彼此之间存在色彩呼应关系（图8-3-2）。

　　如图8-3-3所示，运用半写实装饰画、几何拼接地毯、水晶灯饰及皮毛靠枕的色彩、质感共同营造了雅致又不失时尚的空间气氛。

　　如图8-3-4所示，床品布艺醒目的图案，给人一种逼近的感觉，配合具有金属光感的靠枕，营造出热烈的空间气氛，符合婚房的功能。采用串珠式吸顶灯，保持与客厅吊灯式样的延续感，又不会过度压抑。

图8-3-2　客厅实景图

图8-3-3　客厅软装饰细节展示　　　　　图8-3-4　主卧实景图　　　　　图8-3-5　软装饰工艺品展示

　　如图8-3-5所示，软装饰工艺品选用真皮、玻璃、骨瓷等材质，以黑白和植物本色为主，不仅符合现代风格的定位，中性色也便于和家具及硬装搭配，与空间形成对比配色。

案例四　现代风格设计二（常州丰臣丽晶酒店式公寓，2800m²）

　　（案例由上海零度装饰设计有限公司提供，设计师：许军杰、徐薇薇、张军利）

　　项目简介： 该项目位于江苏常州，是一个酒店式公寓及其售楼处软装饰设计项目，建筑面积2800m²，设计公司同时负责硬装与软装饰设计。该项目销售对象为城市白领，每套公寓面积在30～50m²不等，层高2.7m，空间较为紧凑。

　　设计要求： 开发商委托，主调定位为现代风格，但要求根据不同户型在空间感觉上加以区分，售楼处及办公空间设计要与整体设计概念吻合，考虑其展示效果，可增加其空间表现力。

　　设计特征： 因该方案硬装风格为现代简约风格，故软装饰设计在延续硬装风格的基础上，力求突出时尚、高效的设计理念，做出2～3套样板间以供展示。造型以几何形体及直线条为主，结合玻璃、不锈钢、镜面等材质放大空间感觉，主色调选用浅色，搭配纯色点缀，突出时尚、现代感（图8-4-1）。

　　本案空间较为狭小，故家具基本采用沿墙布置的方式，中间留出交通空间，突出卧室家具的主体效果，并使空间内家具成套系化、整体化，增大空间视觉效果，如图8-4-2所示。

　　在设计概念确定后的方案深化阶段，可提供2～3套与设计概念吻合的方案供甲方选择，进行方案比对，以便选择最优方案。或是在委托方对软装饰元素的色彩、风

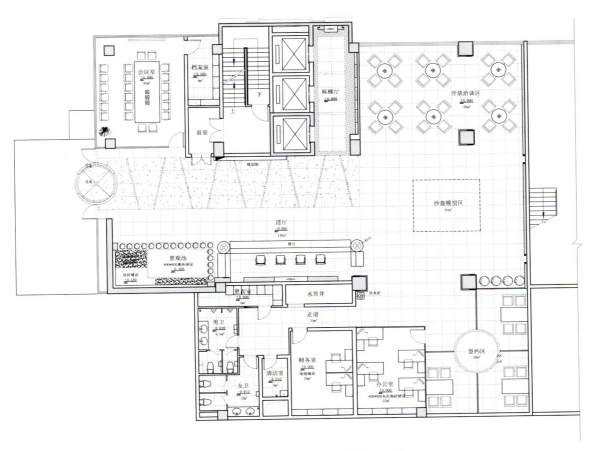

图8-4-1　软装饰平面布置图

图8-4-2　样板间一、二平面布置图及其效果展示图

格、造型认可的前提下，作多种报价方案（中档、高档等），以便其比对、选择（图8-4-3至图8-4-5）。

该售楼大厅空间界面处理较为简单，主要是利用灯饰、家具、工艺品烘托装饰效果。故选用线条简单、设计独特、工艺精良的软装饰设计元素，力求表现出一种完全区别于传统风格的高技术、时尚、高效的室内空间气氛，并注重软装饰元素平面、空间及色彩构成语言传达（图8-4-6）。

图8-4-3　方案深化阶段样板间——沙发及角几选型图　　图8-4-4　方案深化阶段样板间——床具选型图

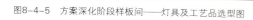

图8-4-5　方案深化阶段样板间——灯具及工艺品选型图

图8-4-6　公共区域软装饰工艺品展示

　　售楼处会议厅以会议桌为中心对称布设，视觉均衡稳定,使用抽象油画、现代家具和构成感强的绿化刻画空间，如图8-4-7所示。

　　接待区展示效果形成公共区域的第一印象，需要采用具有较强展示效果的软装饰饰品。因此选用了华丽且具有构成感的水晶吊灯，通过其晶莹的质感及通透的光影效果烘托气氛，家具与陈设品在形体和质感上与其呼应，如图8-4-8所示。

图8-4-7　会议室软装饰配置方案

图8-4-8　售楼处接待区软装饰配置方案

洽谈处用家具围合成洽谈空间，家具单体及组合效果均具有很强的形式美感（图8-4-9）。

相对于售楼处，办公区域在软装饰选择上更加内敛、稳重，造型更具抽象化，符合办公空间高效明快的空间气氛（图8-4-10）。

图8-4-9　售楼处洽谈区软装饰配置方案

图8-4-10　售楼处办公区软装饰配置方案

案例五　美式风格设计案例（加州水郡D套，168m²，三房两厅）

（案例由上海零度装饰设计有限公司提供，设计师：许军杰、徐薇薇、张军利）

项目简介：该项目位于上海新江湾国际社区，为168m²的平层住宅，原始户型布局较为合理，空间充足，采光面大，通风良好。

业主信息：本案的业主是一对中年夫妻，大学教授，孩子留学国外。夫妻二人游历过很多地方，崇尚舒适、随意、具有文化积淀的生活方式。

设计特征：本案定位为轻美式风格，主色调采用散发泥土气息的土褐色，家具式样趋向厚重、木质优良，并可适当进行作旧处理，与之配合的软装饰饰品突出手工质感与斑驳岁月感。

如图8-5-1所示，家具式样沉稳，选材优良，亚光漆面表现木材美丽纹理，可适当作旧。

主卧背景选用花草图案纯纸浆壁纸，软装饰布艺、家具与硬装地面、墙面共同形成了褐色为主、米白色点缀的主色调，整体感强，如图8-5-2所示。

图8-5-1　客厅实景展示

图8-5-2　主卧实景图

美式风格倡导回归自然，在居室环境中力求表现悠闲、舒畅、自然的田园生活情趣，也常运用天然木、藤等材质质朴的纹理，创造自然、简朴、高雅的氛围，如图8-5-3至图8-5-5所示。

次卧展示

图8-5-3　次卧实景图1

图8-5-4　次卧实景图2

图8-5-5　餐厅局部实景图

图8-5-6　书房实景图

图8-5-7　阳台软装饰展示

书房软装饰设计时，利用与家具形成对比效果的块毯限定了阅读虚拟空间，书房家具靠墙摆放，空间紧凑，如图8-5-6所示。

用铁艺、藤器素材表现具有自然、随意的阳台休闲空间，绿化平面布局采用点状、沿窗线状，结合顶面吊挂方式，形成多样立体化布局方式，如图8-5-7所示。

图8-5-8　餐厅局部实景图

图8-5-9　软装饰工艺品展示1

图8-5-10　软装饰工艺品展示2

　　小件家具选用自然材料如草编、藤艺等，自然、怀旧，散发着质朴气息，如图8-5-8所示。

　　如图8-5-9、图8-5-10所示，选配质感明显，有岁月感、斑驳效果的软装饰饰品，装饰元素以植物为主，与美式风格自然的定位吻合。

　　如图8-5-11、图8-5-12所示，云石灯及风景油画也是美式设计常用的软装饰元素。

图8-5-11　灯饰及软装饰工艺品展示

图8-5-12　灯饰及挂画展示

案例六 地中海风格设计案例（加州水郡E套，118m²，两房两厅）

（案例由上海零度装饰设计有限公司提供，设计师：许军杰、徐薇薇、张军利）

项目简介： 该项目位于上海新江湾国际社区，社区景观优美，原建筑空间布局紧凑合理，采光通风充分，室内净高2.8m，设有一个卫生间。

业主信息： 业主未婚青年白领女士，一人居住，平时工作繁忙，不常在家烹饪。希望主卧室增加独立卫生间，储物空间充沛，营造一个在紧张工作之余彻底放松的随意空间。

设计特征： 结合项目场所环境及业主需求，将本案软装饰配置地中海风格，通过其代表性的蓝白色调和随意拙朴的软装饰配饰共同打造惬意休闲的居家空间。平面布局进行优化设计，主卧打通后增设了卫生间和衣帽间，功能完备；将原有的厨房区域打通为开敞式，以吧台区分，增加了空间的生动感（图8-6-1）。

客厅背景色为地中海式浅蓝色，突出家具主体深蓝色。两只沙发布艺色彩与图案互为图底互换，简化了色彩关系；深蓝主体色在窗帘上作呼应，使其成为控制空间的关键色（图8-6-2）。

如图8-6-3所示，方案构思阶段的概念图片，配合平面图展示更加直观有效。

海洋元素、铁艺制品、粗陶器、小巧盆栽等淳朴、天然的材料制成的风格独具的饰品，勾勒出纯净、自由、亲切、淳朴而浪漫的自然主义风格（图8-6-4、图8-6-5）。

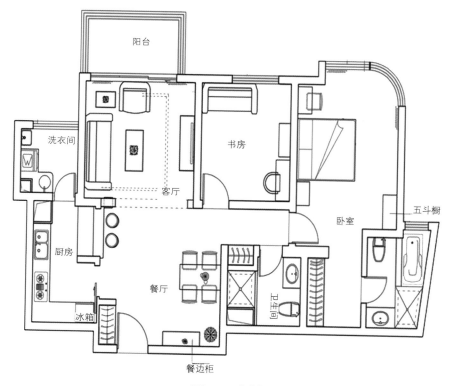

图8-6-1 软装饰平面布置图

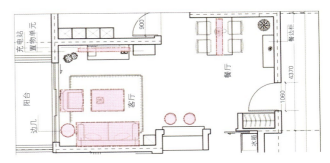

图8-6-2 客厅实景图

图8-6-3 客厅家具概念图

图8-6-4 灯饰及工艺品展示

图8-6-5 软装饰工艺品展示

参考文献

[1] 潘吾华. 室内陈设艺术设计[M]. 北京：中国建筑工业出版社，1999.

[2] 徐薇薇，许军杰. 室内设计精选[M]. 北京：化学工业出版社，2012.

[3] 刘玉楼. 室内绿化设计[M]. 北京：中国建筑工业出版社，1999.

[4] 常大伟. 陈设设计[M]. 北京：中国青年出版社，2011.

[5] 来增祥，陆震纬. 室内设计原理[M]. 北京：中国建筑工业出版社，1997.

[6] 范业闻. 现代室内软装饰设计[M]. 上海：同济大学出版社，2011.